Découvrir les mystères du temps:

Démêler la tapisserie des mystères du temps.

Par

Alvia Tremble

Table des matières:

1. L'essence du temps
2. Secrets anciens
3. Illusions du temps
4. La relativité dévoilée
5. Voyages fictifs
6. Perceptions explorées
7. Le Big Bang dévoilé
8. Le flux irréversible
9. Conscience et temps
10. Enigme quantique
11. Perspectives cosmologiques
12. Mémoire et moments
13. Expressions artistiques
14. Sagesse autochtone
15. La physique dévoilée
16. L'impact du temps

17. L'espace-temps dévoilé
18. Progrès technologiques
19. Explorations philosophiques
20. Fin de partie du temps

"Uncovering Time's Mysteries" est une enquête fascinante sur le monde mystérieux du temps. Ce livre révèle les fascinants secrets et subtilités entourant le concept de temps en plongeant dans les profondeurs des théories scientifiques, des contes historiques et des réflexions philosophiques. Rejoignez-nous alors que nous découvrons les mystères du temps et révélons sa signification profonde dans nos vies, de la théorie de la relativité d'Einstein aux interprétations des civilisations anciennes.

Chapitre 1 : L'essence du temps

"L'essence du temps" emmène les lecteurs dans une exploration fascinante et complète de la nature essentielle du temps. À travers une riche tapisserie de points de vue philosophiques, médicaux et culturels, ce chapitre dévoile les complexités et les mystères qui entourent le concept de temps.

Le temps fait partie intégrante de notre vie, imprégnant tous les aspects de nos vies. Il offre le cadre à l'intérieur duquel on se délecte et on appréhende le secteur. Du tic-tac d'une horloge au passage des saisons, le temps façonne nos perceptions et structure notre vérité.

Au fil des archives, les cultures ont conceptualisé le temps de nombreuses manières. Quelques civilisations historiques, tout comme les Mayas et les Grecs historiques, ont adopté des notions cycliques du temps, dans lesquelles les événements se répètent dans des cycles sans fin. D'autres, comme les Égyptiens, percevaient le temps comme linéaire, avec un début et une fin clairs.

Les cultures uniques ont des relations précises avec le temps. Certaines cultures donnent la priorité au moment existant, valorisant la spontanéité et la fluidité. D'autres mettent l'accent sur une attitude de période prolongée, valorisant le style de vie et la continuité historique. Ces points de vue culturels influencent nos perceptions de l'essence du temps.

Le temps n'est pas toujours entièrement un phénomène objectif mais aussi un niveau subjectif. Nous percevons le temps d'une manière différente principalement en fonction de notre pays émotionnel, de notre niveau d'engagement et de nos situations personnelles. Il peut sembler pressé pendant les moments de plaisir et lent pendant les périodes d'ennui ou d'anticipation.

Les philosophes se sont débattus avec la nature du temps pendant des siècles. Des questions se posent concernant la différence entre l'au-delà, le don et le destin, et si le temps s'écoule en un seul cours ou possède plusieurs dimensions. Les débats entre éternalisme et présentisme éclairent ces interrogations.

L'idée absolue d'Isaac Newton du temps en tant qu'entité impartiale et uniforme a régné pendant des siècles. Cependant, la théorie de la relativité d'Albert Einstein a révolutionné notre information en fusionnant l'espace et le temps dans le tissu de l'espace-temps, où la gravité déforme le flot du temps.

Le principe d'Einstein a livré l'idée de l'espace-temps, un cadre à quatre dimensions dans lequel le temps s'entremêle avec les trois dimensions de l'espace. Il a également découvert le phénomène de dilatation du temps, dans lequel le temps peut sembler se transporter d'une autre manière pour les observateurs dans des champs gravitationnels spéciaux ou un mouvement relatif.

Le concept de "flèche du temps" fait référence à l'asymétrie perçue entre le passé et le destin. La flèche du temps se caractérise par l'irréversibilité des événements, où l'au-delà est constant, le présent est éphémère et le destin reste inconnu.

La mémoire joue un rôle essentiel dans notre plaisir du temps. Nous mesurons fréquemment le passage du temps en nous rappelant et en réfléchissant aux événements passés. Le lien entre la réminiscence et le temps soulève des questions passionnantes sur le caractère de notre croyance au temps et son lien avec l'identification personnelle.

La mécanique quantique apporte une complexité similaire à notre savoir-faire du temps. Les normes de superposition et d'intrication soulèvent des questions intrigantes sur le caractère du temps au degré quantique. Certaines théories proposent que le temps lui-même puisse émerger de techniques quantiques essentielles.

Le temps et la concentration sont intimement liés. Notre expérience du temps façonne notre connaissance et notre expérience de soi. Certains philosophes soutiennent que l'attention est basée sur le glissement du temps, alors même que d'autres suggèrent que la conscience existe indépendamment du temps.

Les expressions créatives et littéraires explorent régulièrement la nature énigmatique du temps. À travers des peintures, des romans et de la poésie, les artistes capturent l'essence fugace du temps, évoquent la nostalgie de l'au-delà ou envisagent des réalités temporelles alternatives.

Les progrès technologiques ont incité notre délectation dans la notion de temps. De l'invention des horloges mécaniques à la technologie des gadgets numériques, la technologie nous a permis de mesurer le temps avec une précision croissante et a transformé le rythme auquel nous menons nos vies.

Dans le domaine de la cosmologie, les scientifiques vérifient les origines et l'évolution du temps lui-même. Le principe du Big Bang montre que ce point a commencé avec la naissance de l'univers, et les modèles cosmologiques suivants explorent la croissance, le destin et la nature cyclique viable du temps.

Certaines perspectives philosophiques et scientifiques conseillent que le temps peut être un fantasme. Ils soutiennent que notre perception du temps en tant que flux continu est le résultat de la portée restreinte de la connaissance humaine et que l'essence du temps pourrait être plus complexe, voire inexistante.

L'idée d'un tour du temps, fréquemment explorée dans la fiction, multiplie les paradoxes intrigants. Le paradoxe du grand-père, par exemple, s'interroge sur ce qui pourrait se produire si l'on voyageait dans le temps et prévenait sa propre vie. De tels paradoxes mettent en évidence les complexités et les mystères inhérents au temps.

Le concept de multivers, dans lequel plusieurs univers coexistent, introduit la perception de lignes temporelles ramifiées et de réalités alternatives. L'exploration des univers parallèles et de leurs relations temporelles ajoute chaque autre couche de complexité à la nature du temps.

Certaines traditions religieuses suggèrent que l'intemporalité se situe au-delà de nos informations conventionnelles sur le temps. L'idée de l'éternité ou de l'éternel montre maintenant un royaume immortel dans lequel le passé, le don et le destin se fondent en un tout unifié.

Le temps façonne profondément l'expérience humaine. Cela a un impact sur nos choix, notre croissance personnelle et la poursuite de nos moyens. Réfléchir sur l'essence du temps nous permet de contempler l'importance de nos modes de vie éphémères dans l'immensité du temps cosmique.

Les théories cliniques spéculent approximativement sur la dernière destinée du temps et de l'univers. De la possibilité d'un "grand gel" à l'idée d'un univers cyclique, l'exploration de la capacité finale du temps invite à la réflexion sur la nature de l'infini et les limites de nos connaissances.

Le passage du temps est intrinsèquement lié à la procédure de vieillissement. En vieillissant, nous apprécions les effets du temps sur notre corps et notre esprit, soulevant des questions sur le caractère de l'impact du temps sur nos voyages privés et la situation humaine.

Le temps remplit une fonction importante dans les tactiques d'évolution et de changement. Sur des périodes importantes, les espèces s'adaptent et se remodèlent, alors même que les civilisations montent et déclinent. L'expertise dans l'interaction entre le temps et la transformation est célèbre pour la dynamique complexe de l'existence qui se déroule.

L'idée de temps affecte notre connaissance du mouvement et de la causalité. Notre capacité à planifier, à faire des choix et à poursuivre des objectifs dépend de notre conscience du temps qui passe. Explorer les implications philosophiques du temps nous permet de refléter le caractère d'une société et d'une volonté libre.

Alors que le temps est profondément lié à la matière de l'univers, sa mesure et son entreprise commerciale sont des innovations humaines. Le statu quo des calendriers, des fuseaux horaires et de la normalisation du temps témoigne de notre accord collectif avec les constructions sociétales qui régissent notre plaisir temporel.

Le phénomène de synchronicité, tel que proposé par Carl Jung, suggère des coïncidences significatives qui se produisent en dehors des limites des notions conventionnelles de temps. Explorant

La synchronicité invite à la contemplation de l'interaction délicate entre le temps, le sens et l'interdépendance.

Les récits historiques sont façonnés par notre connaissance et notre interprétation du temps. La sélection et l'agencement des occasions créent des cadres temporels à travers lesquels nous faisons ressentir le passé. L'analyse de la fonction du temps dans l'historiographie approfondit notre appréciation des récits qui forment notre mémoire collective.

L'essence du temps est en détail liée à notre sentiment d'identification privée. Au fur et à mesure que nous circulons dans le temps, nous subissons des histoires, nous développons et changeons. Réfléchir sur la fluidité de l'identité face au temps qui passe active la contemplation sur le caractère de soi et la continuité de l'être.

Nos critiques émotionnelles sont intimement liées à notre perception du temps. La nostalgie, par exemple, inspire une soif d'au-delà, soulignant la manière dont le temps se tisse à travers nos paysages émotionnels. L'inspection de l'interaction entre le temps, l'émotion et la nostalgie donne un aperçu de la tapisserie complexe de la fête humaine.

Chapitre 2: Secrets anciens

Pendant toute la durée de l'histoire humaine, les civilisations se sont élevées et sont tombées, laissant derrière elles des vestiges de leur vie. Des monuments étonnants aux artefacts énigmatiques, le monde historique regorge de secrets prêts à être découverts. Ces mystères gardent la clé de l'expérience de notre passé, faisant la lumière sur les cultures et les sociétés qui sont arrivées avant nous. Dans cette exploration des secrets et des techniques historiques, nous embarquons pour un voyage dans le temps, plongeant dans les profondeurs de l'au-delà pour résoudre les énigmes qui ont perdu les mots par les historiens, les archéologues et les amoureux depuis des centaines d'années.

L'une des merveilles les plus emblématiques de l'histoire mondiale, les pyramides d'Égypte captivent l'imagination. Construites comme des tombes monumentales pour les pharaons, ces grandes structures témoignent de la capacité et de l'ingéniosité des Égyptiens historiques. Mais, comment ils avaient été construits avec une telle précision reste un mystère. Les théories abondent, allant des stratégies d'ingénierie avancées à l'intervention extraterrestre. En analysant l'architecture, le symbolisme et l'enterrement

Pratiques associées aux pyramides, nous tentons de démêler les secrets et les techniques de ces monuments majestueux.

La cité perdue de l'Atlantide :

L'histoire légendaire de Platon sur l'Atlantide, une civilisation avancée qui a disparu sous l'océan, a impliqué des générations. Transformée en Atlantide une zone réelle, ou une allégorie fictive ? Les archéologues et les explorateurs ont consacré leur vie à trouver des preuves de cette ville égarée, à parcourir les profondeurs des océans et à enquêter sur les sites submergés potentiels. Grâce à des découvertes archéologiques, des enquêtes géologiques et des analyses historiques, nous nous penchons sur les indices et les théories entourant l'insaisissable Atlantide, en essayant de séparer la vérité de la fiction.

Gravées dans le panorama aride du désert de Nazca au Pérou, les souches de Nazca sont des géoglyphes géants qui peuvent simplement être appréciés du ciel. Créées selon la tradition de Nazca entre 500 avant notre ère et 500 de notre ère, ces grandes figures et formes géométriques ont intrigué les chercheurs pendant des décennies. Comment ces conceptions complexes ont-elles été réalisées sans l'aide des générations modernes ? Étaient-ils difficiles ?

Le calendrier astronomique une forme d'échange verbal spirituel ? En analysant les théories et en analysant le contexte culturel, nous visons à résoudre la raison et l'importance des souches de Nazca

Situé au Salisbury Simple en Angleterre, Stonehenge se dresse comme une image énigmatique de l'architecture préhistorique. Composé de grandes pierres dressées, cet ancien monument a suscité de nombreuses théories sur son objectif et ses stratégies de création. Transformé en observatoire astronomique, lieu de sépulture ou site sacré de cérémonie ? Les théories varient des stratégies d'ingénierie sensées aux alignements mystiques avec les corps célestes. En explorant l'archéologie, l'anthropologie et le folklore entourant

Stonehenge, nous visons à faire la lumière sur sa véritable raison.

Trouvé dans une épave au large de l'île grecque d'Anticythère, cet appareil historique est souvent qualifié de premier ordinateur analogique au monde. Datant du 1er siècle avant notre ère, le mécanisme d'Anticythère étonne les chercheurs avec ses engrenages complexes et ses calculs astronomiques uniques. Sa finalité et sa complexité soulèvent des questions

Approximativement l'étendue des connaissances médicales possédées par l'utilisation des civilisations historiques. A travers l'analyse du fonctionnement interne de l'outil et la lecture de son contexte historique, nous cherchons à découvrir les secrets et les techniques de cet extraordinaire prestataire de services antique.

L'attrait des secrets et des techniques historiques continue d'encourager l'intérêt et l'intrigue. Des pyramides d'Égypte aux mystères de l'Atlantide, l'au-delà recèle d'innombrables énigmes qui attendent d'être résolues. Grâce aux efforts de chercheurs engagés, nous avançons progressivement vers la connaissance des secrets et des techniques de nos ancêtres. Alors que de nombreuses questions restent sans réponse, chaque découverte nous amène à démêler la tapisserie des archives humaines. L'examen d'anciens secrets et techniques n'approfondit pas plus efficacement notre savoir-faire du passé, mais nous fournit également des informations précieuses sur notre propre existence, nous rappelant la profonde

Chapitre 3: Les illusions du temps

Le temps, partie intégrante de notre vie quotidienne, est une idée qui façonne notre croyance en la vérité. Nous en dépendons pour structurer nos journées, mesurer nos réalisations et planifier l'avenir. Mais le temps n'est pas aussi simple qu'il y paraît. C'est une pression mystérieuse qui peut plier, déformer et tromper nos sens. Dans ce chapitre, nous plongeons dans les illusions du temps, en explorant les approches captivantes qu'apportent notre croyance et notre expertise de la réalité temporelle.

Albert Einstein a révolutionné notre savoir-faire du temps avec son idée de la relativité. Selon Einstein, le temps n'est pas une entité absolue et constante, mais plutôt une mesure qui est déclenchée par la gravité et le mouvement relatif. Ce concept, appelé dilatation du temps, suggère que le temps peut sauter d'une autre manière pour des observateurs extraordinaires. Cela implique qu'un point peut ralentir ou accélérer en fonction de la vitesse de l'observateur ou de la proximité d'un objet énorme. En explorant les résultats de la relativité, nous découvrons comment notre perception du temps peut être déformée à l'aide de notre corps de référence.

Avez-vous déjà observé à quel point le temps semble filer lorsque vous êtes engagé dans un passe-temps agréable, mais s'éternise lorsque vous vous ennuyez ou que vous attendez quelque chose ? Ce phénomène, appelé temps subjectif, met en évidence le caractère subjectif de notre perception du temps. Notre royaume interne, nos sentiments et notre niveau d'intérêt peuvent influencer considérablement nos croyances avec le temps. À travers des études psychologiques et des anecdotes personnelles, nous examinons les facteurs qui contribuent à notre expérience subjective du temps et comment nos émotions et notre engagement peuvent modifier notre notion de son passage.

Dans notre vie de tous les jours, nous anticipons fréquemment que des événements qui se déroulent en même temps sont expérimentés simultanément par tous les observateurs. Mais, à cause de la vitesse finie de la douceur et de la relativité de la simultanéité, cette hypothèse est une illusion. Conformément au concept d'Einstein, les événements qui sont simultanés pour un observateur peuvent ne pas être simultanés pour tous les autres observateurs en mouvement relatif. Cette relativité de la simultanéité défie notre connaissance intuitive du temps et montre bien le caractère problématique de la perception temporelle

Les désirs et les états modifiés de connaissance offrent des aperçus captivants sur les mystères de la croyance temporelle. Dans les objectifs, le temps peut sembler déformé, les activités se déroulant de manière non linéaire ou accélérée. De même, les personnes qui ont vécu des histoires proches de la mort ou des voyages psychédéliques documentent souvent un sentiment d'intemporalité ou de dilatation du temps. En inspectant ces brillantes critiques, nous bénéficions d'un aperçu de la malléabilité de la croyance temporelle et de sa capacité à se connecter au fonctionnement de notre subconscient.

Notre notion du moment qui prévaut est une composante fondamentale de notre plaisir dans le temps. Mais, des études récentes en neurosciences suggèrent que la perception du "présent" est un fantasme construit créé par notre cerveau. La recherche implique que notre croyance en ce qui prévaut est, en vérité, le résultat de l'intégration par l'esprit des statistiques sensorielles avec un léger retard. Cette prise de conscience défie notre expertise de l'immédiateté de la seconde présente et soulève des questions intrigantes sur la nature de la conscience du temps.

Paradoxes temporels, avec le paradoxe du grand-père et le bootstrap

Paradoxe, cadeau d'énigmes ahurissantes qui défient notre savoir-faire logique de cause à effet. Ces paradoxes se dressent alors que les tournées dans le temps et la possibilité de changer au-delà des occasions entrent en jeu. À l'aide de l'examen de ces paradoxes, nous nous penchons sur les complexités et les contradictions inhérentes qui surviennent lors de la délibération sur la capacité de manipulation du temps. Ces expériences conceptuelles ne sont plus la mission la plus simple de nos intuitions, mais nous invitent également à attaquer le tissu même du temps lui-même.

Les illusions du temps nous rappellent que notre croyance en cet élément essentiel du mode de vie n'est pas aussi fiable qu'il y paraît. De la relativité du temps à la subjectivité de notre expérience, de la souplesse du temps aux effets culturels et anciens sur notre savoir-faire, en passant par les possibilités alléchantes du tour du temps, les mystères du temps nous captivent et nous intriguent. En explorant ces illusions, nous approfondissons notre appréciation de la complexité et de l'énigme du temps, nous invitant à réfléchir à la nature de notre propre existence temporelle.

L'inexorable marche en avant du temps est en détail liée à notre mortalité et à la

vieillir le système. Au fur et à mesure que nous vieillissons, notre croyance dans le temps peut s'échanger, avec une impression de temps qui s'accélère à mesure que les années passent. Nous nous débattons avec la nature finie de nos modes de vie et réfléchissons aux moyens de nos vies dans le contexte du passage du temps. En explorant les dimensions mentales et existentielles du vieillissement et de la mortalité, nous confrontons les questions profondes et les situations exigeantes qui se posent lorsque nous contemplons notre voisinage dans le domaine temporel.

Chapitre 4: La relativité dévoilée

Le concept de relativité, proposé par Albert Einstein au début du XXe siècle, a révolutionné nos informations sur l'aire, le temps et la gravité. Il s'agit de l'une des réalisations médicales les plus impressionnantes de l'histoire de l'humanité. Sur cette faillite, nous nous lançons dans une aventure pour dévoiler les normes et les implications de la relativité, en explorant chaque relativité restreinte et relativité bien connue. Nous plongeons dans le charmant international de la zone-temps déformée, le caractère de la simultanéité et les phénomènes de réflexion qui surgissent tout en gardant à l'esprit la relativité du mouvement et de la gravité

La relativité restreinte, développée en utilisant Einstein en 1905, fournit un cadre pour la connaissance du comportement des gadgets se déplaçant à des vitesses excessives. À la base, la relativité restreinte exige des situations la notion newtonienne de temps absolu et postule plutôt que la zone et le temps sont entrelacés, formant un tissu à quatre dimensions appelé temps de zone. L'équation bien connue $E=mc^2$ démontre l'équivalence de la masse et de l'électricité,

Présentation du concept selon lequel la matière peut être transformée en pouvoir et vice versa. En examinant les améliorations de Lorentz et le concept de dilatation du temps, nous commençons à démêler les implications profondes de la relativité restreinte.

L'une des conséquences les plus intéressantes de la relativité restreinte est la dilatation du temps. Selon ce phénomène, le temps peut s'écouler de manière différente pour les éléments pouvant être transférés les uns par rapport aux autres. Plus un objet est proche de la vitesse de la lumière, plus le temps progresse lentement pour lui, par rapport à un observateur stationnaire. Cette révélation se termine par des expériences de notions captivantes, ainsi que le paradoxe jumeau, où l'un voyage à deux vitesses à des vitesses relativistes en même temps que l'autre reste sur la planète. Alors que le double itinérant revient, ils constatent qu'ils ont moins de personnes âgées que leur frère fixe. En explorant ces éventualités, nous nous retrouvons face aux implications hallucinantes de la dilatation du temps

La relativité unique nous introduit au concept selon lequel l'espace et le temps ne sont pas des entités séparées mais plutôt des dimensions entrelacées. Cette union de l'espace et du temps crée un cadre unifié appelé espace-temps. Dans ce cadre, la relativité de la simultanéité émerge, corroborant notre croyance intuitive que des activités se déroulent simultanément pour tous les observateurs. Selon la relativité importante, les activités, etc.

L'idée de dilatation du temps est l'une des idées clés de la relativité unique. La dilatation du temps se produit en raison du mouvement relatif entre deux observateurs. Lorsqu'un objet se déplace à une fraction pleine grandeur du taux de lumière par rapport à un observateur, le temps semble progressivement diminuer pour cet objet de transfert. Cela signifie qu'une horloge de transfert fonctionnera très lentement par rapport à une horloge de relaxation. Ce phénomène a été démontré expérimentalement et joue un rôle crucial dans le fonctionnement de la technologie consistant en des satellites GPS.

La célèbre équation $E=mc^2$, issue de la relativité unique, démontre l'équivalence de la masse et de la force. Cela suggère que la masse peut être transformée en force et vice versa. Cette attention a des implications profondes pour notre expertise dans les réactions nucléaires et les énormes quantités d'électricité lancées dans des stratégies tout comme les réactions de fusion qui se produisent à l'intérieur du solaire.

Le double paradoxe implique qu'un jumeau tourne à des vitesses relativistes alors même que l'opposé reste sur terre. Alors que le double voyageant revient, ils découvrent qu'ils ont moins vieilli que leur frère stationnaire. Ce résultat paradoxal ressort de la distinction dans les revues de temps pour le double voyageur et le jumeau de bureau. Le jumeau visiteur, se déplaçant à des vitesses excessives, examine la dilatation du temps, ce qui le fait vieillir plus lentement par rapport au double stationnaire.

Chapitre 5: Voyage fictif

La fiction a l'excellente force de nous transporter dans d'autres mondes, d'enflammer notre imagination et de nous emmener dans des voyages exceptionnels. Dans ce chapitre, nous plongeons dans le charmant royaume des voyages fictifs, explorant les divers récits, décors et personnages qui ont captivé les lecteurs et les téléspectateurs pendant des centaines d'années. Des quêtes épiques aux voyages interstellaires, nous examinons les facteurs qui rendent les voyages fictifs si fascinants et les méthodes dans lesquelles ils reflètent nos propres histoires et rêves humains.

L'aventure du héros :

L'aventure du héros est l'un des voyages fictifs les plus durables et les plus archétypaux. Cette forme narrative, popularisée avec l'aide de Joseph Campbell, suit le voyage transformateur d'un héros qui se lance dans une quête, fait face à des épreuves et des défis, et à la fin, revient au pays avec de nouvelles informations et un boom. Des mythes anciens à la littérature à la mode, l'aventure du héros a servi de cadre efficace pour la narration, résonnant auprès du public à travers les cultures et les durées. En utilisant l'exploration des niveaux du

L'aventure du héros, nous résolvons les sujets établis et les instructions intégrées dans ces récits.

Les voyages fictifs nous emmènent souvent dans des mondes fantastiques et créatifs qui existent le plus efficacement dans les pages d'un livre électronique ou sur l'écran d'affichage. Ces mondes peuvent être élaborés et précis, avec leurs paysages, leurs sociétés et leurs réglementations spécifiques. Qu'il s'agisse ou non de la Terre du Milieu de JRR Tolkien, du pays des merveilles de Lewis Carroll ou de la galaxie Celebrity Wars de George Lucas, ces royaumes fictifs suscitent notre émerveillement et nous invitent à explorer les limites de notre imagination. En inspectant les stratégies de construction de secteurs employées par les auteurs et les cinéastes, nous bénéficions d'un aperçu de l'art de créer des mondes imaginaires immersifs et crédibles.

L'un des éléments les plus intrigants des voyages fictifs est l'exploration des voyages dans le temps et des réalités du changement. Les histoires qui impliquent un voyage dans le temps, ainsi que "The Time Gadget" de HG Wells ou la série de films "Again to the Future", nous permettent d'envisager les opportunités et les conséquences de changer le passé ou de vivre le destin. De plus, les récits qui plongent dans le changement des réalités, comme Philip ok. "La personne à l'intérieur du fort excessif" de Dick ou la série télévisée "Stranger Matters", s'aventurent dans notre expérience de la réalité et remettent en question les limites de ce qui est viable. En approfondissant ces récits, nous réfléchissons à la nature du temps, de la causalité et du multivers.

Les voyages fictifs fournissent en outre une plate-forme pour explorer les dilemmes éthiques et les choix moraux. Les personnages sont régulièrement confrontés à des sélections difficiles qui mettent à l'épreuve leurs valeurs et leurs normes. Ces voyages améliorent les questions profondes sur la nature de l'exact et du mal, les résultats de nos mouvements et la poursuite de la justice. Des défis éthiques auxquels est confronté l'utilisation de Frodo Baggins dans "The Lord of the Jewelry" aux dilemmes moraux rencontrés par Atticus Finch dans "To Kill a Mockingbird", ces récits nous invitent à refléter notre boussole morale et les sélections que nous faisons dans nos vies personnelles.

Les voyages fictifs nous emmènent au-delà des confins de nos vies ordinaires, nous permettant de découvrir de nouveaux mondes, de rencontrer divers personnages et de contempler les complexités du plaisir humain.

Les voyages fictifs servent régulièrement de métaphores pour l'augmentation non publique, la découverte de soi et la fête humaine. Les personnages se lancent dans des voyages intérieurs, naviguant dans leurs paysages émotionnels et affrontant leurs peurs et leurs lacunes. À travers leurs épreuves et leurs rencontres, ils tirent de précieuses leçons sur eux-mêmes et sur leur place au sein de l'international. Ces voyages métaphoriques résonnent chez les lecteurs car ils reproduisent la quête fréquente de savoir-être et d'amélioration personnelle.

Chapitre 6: Perceptions explorées.

Sur cette faillite, nous plongeons dans le domaine captivant des perceptions. Nos perceptions jouent un rôle crucial dans la formation de notre expertise dans le monde qui nous entoure. Ils affectent nos pensées, nos émotions et nos mouvements et, en fin de compte, déterminent comment nous interprétons et interagissons avec la vérité. Dans cette exploration, nous pouvons nous pencher sur le caractère des perceptions, leur formation et les différents facteurs qui peuvent les influencer et les former.

Les perceptions peuvent être décrites en raison des procédures intellectuelles à l'aide desquelles nous interprétons et ressentons les données sensorielles reçues de l'extérieur international. Ce sont les filtres à travers lesquels nous percevons et appréhendons la vérité, et ils sont extraordinairement subjectifs. Les perceptions de chaque personnage sont uniques et peuvent être motivées par une multitude de choses, ainsi que par-delà les histoires, l'histoire culturelle, les croyances et les préjugés privés.

Les perceptions sont façonnées par une interaction complexe d'entrées sensorielles, de stratégies cognitives et d'expériences. Lorsque nous rencontrons des enregistrements sensoriels, y compris des attractions, des sons, des goûts ou des odeurs, nos tactiques cérébrales entrent et construisent une représentation intellectuelle du monde extérieur. Cette illustration n'est pas une image miroir instantanée de la réalité, mais plutôt une interprétation stimulée par nos histoires précédentes et nos processus cognitifs internes.

L'intérêt joue un rôle important dans la formation des perceptions. Notre cerveau assiste sélectivement à certains stimuli tout en en filtrant d'autres. Cette attention sélective peut être déclenchée à l'aide de divers facteurs, ainsi que de l'importance du stimulus, des activités personnelles et des états émotionnels. Ce à quoi nous choisissons de prêter attention façonne sérieusement nos perceptions et peut entraîner des préjugés ou des interprétations déformées des faits.

Les biais cognitifs sont des tendances inhérentes à l'émerveillement humain qui peuvent avoir un impact sur nos perceptions et nos stratégies de prise de décision. Ces biais ressortent régulièrement des heuristiques ou des raccourcis intellectuels que notre esprit emploie pour méthodiquer les faits

Effectivement. Bien qu'ils puissent être utiles dans quelques situations, ils peuvent également entraîner des erreurs de jugement et des perceptions erronées. Des exemples de biais cognitifs courants comprennent le biais d'affirmation, dans lequel nous recherchons des statistiques qui confirment nos idéaux actuels, et le biais de disponibilité, dans lequel nous surestimons l'importance des enregistrements disponibles sans difficulté.

Les perceptions ne sont pas complètement influencées par l'utilisation d'éléments individuels, mais sont également façonnées par les contextes sociaux et culturels. Nos interactions avec les autres, les normes sociétales et les valeurs culturelles peuvent considérablement affecter la façon dont nous percevons l'arène. Les variations culturelles de la croyance peuvent être localisées dans divers domaines, y compris la langue, la reconnaissance spatiale et les normes sociales. Ces effets mettent en évidence la nature dynamique et contextuelle des perceptions.

Il est de loin vital de reconnaître que nos perceptions ne sont pas constamment le reflet fidèle de la réalité. Ce sont des interprétations subjectives encouragées par différents facteurs. Deux personnes peuvent percevoir différemment la même occasion principalement en fonction de leurs points de vue et de leurs études uniques.

L'information sur cette subjectivité est cruciale pour favoriser l'empathie et l'ouverture d'esprit, car elle nous permet de comprendre divers points de vue et de remettre en question nos propres préjugés.

Même si les perceptions peuvent être profondément enracinées, elles ne sont pas fixes et peuvent être modifiées par un effort conscient. Une conscience de soi croissante, des préjugés durs et la recherche active de perspectives alternatives peuvent aider à élargir nos connaissances et aboutir à des perceptions plus nuancées. La formation, l'exposition à diverses cultures et idées et la pensée critique sont des outils essentiels pour accroître nos perceptions et surmonter les contraintes de nos préjugés inhérents.

Les perceptions sont les lentilles à travers lesquelles nous faisons vivre le monde. Elles sont relativement subjectives, suscitées par des facteurs individuels, sociaux et culturels. Comprendre la formation et l'effet des perceptions nous permet de comprendre l'éventail des critiques humaines et nous met au défi de jeter un regard sévère sur nos préjugés personnels.

Chapitre 7: Le Big Bang dévoilé.

Sur cette faillite, nous nous lançons dans une aventure dans les mystères des origines de l'univers en démêlant l'idée du Big Bang. Le principe du Huge Bang est l'explication médicale triomphante de la délivrance de l'univers. Il donne un cadre pour reconnaître comment le cosmos a évolué d'un royaume chaud et dense vers le cosmos grand et nombreux que nous regardons aujourd'hui. Dans cette exploration, nous pouvons nous plonger dans les principes, les preuves et les implications importants du concept de Bang massif.

Le concept du Grand Bang :

La théorie du Massive Bang postule que l'univers est né d'une singularité - un point infiniment chaud et dense - lors d'un événement connu sous le nom de Big Bang. Conformément à ce concept, environ treize ans. Huit milliards d'années dans le passé, toutes les dépendances, l'électricité, la zone et le temps ont été comprimées en ce point singulier. Puis, en croissance rapide, l'univers a commencé à s'agrandir et à se refroidir, donnant une impulsion vers le haut à la formation de galaxies, d'étoiles et, finalement, à l'existence telle que nous la comprenons.

L'un des principaux éléments de preuve à l'appui de la théorie du Big Bang est l'invention du rayonnement de fond cosmique. Dans les années 60, Arno Penzias et Robert Wilson sont tombés par hasard sur un faible rayonnement micro-onde uniforme qui imprègne tout l'univers. Ce rayonnement, connu sous le nom d'héritage cosmique des micro-ondes (CMB), est considéré comme un vestige de la chaleur aiguë de l'univers primitif. Sa détection a fourni une preuve solide du désir du principe du Large Bang et a contribué à le solidifier en tant que principale raison derrière les origines de l'univers.

Tout autre facteur vital du concept Huge Bang est l'idée de l'élargissement de l'univers. Les observations de l'astronome Edwin Hubble dans les années 1920 ont découvert que les galaxies s'éloignaient les unes des autres. Cela a conduit à la conclusion que l'univers n'est pas toujours statique mais qu'il est un substitut à l'expansion. Les observations de Hubble, combinées aux prochaines mesures du décalage vers le rouge des galaxies douces des galaxies lointaines, ont fourni une preuve supplémentaire du modèle de Bang massif. La croissance de l'univers implique qu'à l'intérieur du passé, les galaxies et les systèmes cosmiques

Ont été beaucoup plus proches collectivement qu'ils ne le sont aujourd'hui

Les premiers instants après le bang massif ont été importants pour déterminer la composition chimique de l'univers. Dans un système appelé nucléosynthèse, les protons et les neutrons se sont combinés pour former les noyaux d'éléments doux, notamment l'hydrogène, l'hélium et une quantité infime de lithium. Cette nucléosynthèse primordiale s'est produite dans les premières minutes des modes de vie de l'univers et est responsable de l'abondance de ces éléments dans le cosmos.

Au fur et à mesure que l'univers continuait de s'agrandir et d'être funky, les êtres comptés ont commencé à s'agglutiner sous l'effet de la gravité. Au fil du temps, ces amas de dépendance se sont densifiés, formant finalement des galaxies, des étoiles et des systèmes planétaires. La danse délicate de l'évolution cosmique a formé l'univers que nous

observer ces jours-ci, avec sa riche forme d'objets et de structures célestes.

Pour répondre à certaines énigmes et observations, les scientifiques ont proposé l'idée de l'inflation cosmique. Conformément à cette hypothèse, l'univers a connu une courte durée d'exponentielle

Agrandissement juste quelques instants après le grand bang. Cet élargissement rapide aurait pu lisser les irrégularités et définir le degré de formation ultérieure des galaxies et des différentes structures cosmiques. Bien qu'étant néanmoins un sujet de recherche et de débat actifs, l'inflation cosmique offre une approche capacitaire à plusieurs questions clés, notamment l'uniformité du CMB et la forme à grande échelle de l'univers.

La théorie du Big Bang a de profondes implications pour notre expertise du cosmos et de notre région en son sein. Il présente un cadre cohérent pour expliquer la fondation, l'évolution et la structure à grande échelle de l'univers. Cependant, il reste encore de nombreuses questions ouvertes auxquelles il faut encore répondre. À titre d'exemple, le caractère de mémoire sombre et de force sombre, qui représentent ensemble la majorité de la masse de l'univers,

Formation de forme :La théorie du Big Bang offre un aperçu de la façon dont les systèmes de l'univers, qui comprennent des galaxies, des amas de galaxies et des amas exquis, se sont formés au cours de milliards d'années. Le

Fluctuations préliminairesdans la densité des personnes à charge et de l'électricité au cours de l'univers primitif, il y a des idées pour avoir semé la formation de ces structures cosmiques par la force de gravité.

Anisotropies du fond diffus cosmologique (CMB): La cartographie particulière du rayonnement de l'histoire cosmique des micro-ondes a découvert de minuscules fluctuations de température ou anisotropies à travers le ciel. Ces anisotropies fournissent des informations précieuses sur la distribution des nombres dans l'univers primitif et soutiennent l'idée d'inflation cosmique.

Observations :impliquent qu'il peut y avoir beaucoup de masse supplémentaire à l'intérieur de l'univers que l'on ne peut expliquer par voir être compté. Les modes de vie sombres à compter, une forme hypothétique de comptage qui n'a pas d'interaction avec la lumière, est un casse-tête qui reste non résolu. Connaître la nature de l'obscurité est essentiel pour comprendre parfaitement la dynamique et l'évolution de l'univers.

Puissance sombre: sans préjugé ni confiance sombre, il peut y avoir une preuve de la présence d'une force sombre, une force mystérieuse chevauchant l'élargissement étendu de l'univers. Le début et la composition du pouvoir obscur ne sont pas compris, ce qui en fait l'une des plus grandes questions ouvertes de la cosmologie.

Singularité initiale :La théorie du Big Bang décrit l'expansion de l'univers à partir d'une singularité très chaude et dense. Cependant, nos connaissances actuelles en physique s'effondrent en tentant de décrire les conditions à cette singularité. Des cadres théoriques comme la gravité quantique visent à concilier les principes de la mécanique quantique et la relativité bien connue pour faire face à ce trouble.

Inflation cosmique :même si l'inflation cosmique est une hypothèse séduisante qui facilite l'explication

Le Big BangCette idée a révolutionné notre compréhension des origines et de l'évolution de l'univers. Il a fourni un cadre cohérent pour expliquer le rayonnement de fond cosmique des micro-ondes, l'expansion de l'univers et les structures de formation à l'intérieur de celui-ci. Cependant, plusieurs questions ouvertes demeurent, telles que la nature du pouvoir sombre et sombre, les premiers instants de l'univers et le destin ultime du cosmos. La recherche endurée, les avancées technologiques et les cadres théoriques modernes conservent le potentiel de percer ces mystères et d'approfondir notre compréhension de l'univers que nous habitons.

Chapitre 8: Le flux irréversible

Dans ce chapitre, nous explorons le concept de flux irréversible, un aspect fondamental de la dynamique de l'univers et la flèche du temps. Le flux irréversible fait référence à la progression unidirectionnelle d'événements dans lesquels certains processus physiques, une fois qu'ils se produisent, ne peuvent pas être inversés. Elle sous-tend notre expérience du temps et joue un rôle crucial dans des domaines allant de la thermodynamique à la cosmologie. Dans cette exploration, nous approfondirons la nature du flux irréversible, ses implications et ses liens avec l'entropie et la deuxième loi de la thermodynamique.

Le concept de la flèche du temps est étroitement lié au flux irréversible. Il dénote l'asymétrie que nous observons dans la progression des événements. Bien que nous puissions nous souvenir du passé et faire des prédictions sur l'avenir, nous ne pouvons pas inverser le cours du temps et vivre les événements dans l'ordre inverse. Cette nature unidirectionnelle du temps a de profondes implications pour notre compréhension de la causalité, du comportement des systèmes physiques et de la nature de l'univers lui-même.

Un aspect clé du flux irréversible est sa connexion au concept d'entropie. L'entropie peut être comprise comme une mesure du désordre ou du caractère aléatoire au sein d'un système. La deuxième loi de la thermodynamique stipule que dans un système fermé, l'entropie a tendance à augmenter ou, au mieux, à rester constante dans le temps. Cela implique que les processus naturels conduisent à une augmentation du désordre, contribuant à l'irréversibilité de certains phénomènes.

Prenons l'exemple d'un éclat de verre au sol. Il est hautement improbable que le verre brisé se réassemble spontanément et revienne sur la table. L'état initial (verre intact) a une faible entropie, tandis que l'état final (verre brisé) a une entropie élevée. L'irréversibilité de ce processus est gouvernée par la tendance des systèmes à passer d'états d'entropie plus faible à des états d'entropie plus élevée.

Le flux irréversible est profondément ancré dans les lois de la physique. Alors que les équations fondamentales régissant les phénomènes physiques sont généralement symétriques par rapport au renversement du temps,

les conditions aux limites et les états initiaux déterminent souvent le sens de la flèche du temps. Par exemple, le flux de chaleur d'un objet chaud vers un objet plus froid est un processus irréversible dû à l'augmentation de l'entropie. Inverser ce processus violerait la deuxième loi de la thermodynamique.

Le flux irréversible ne se limite pas à des processus isolés mais a des implications pour l'univers dans son ensemble. Les cosmologistes pensent que l'univers connaît une expansion irréversible, entraînée par l'énergie noire. Cette expansion implique que les galaxies s'éloignent les unes des autres, l'espace entre elles s'agrandissant avec le temps. Cette expansion cosmique irréversible façonne la structure à grande échelle de l'univers et influence le destin des galaxies et des structures cosmiques.

L'écoulement irréversible et la flèche du temps sont également explorés dans le cadre de la mécanique quantique. Alors que les processus quantiques eux-mêmes sont souvent réversibles, le processus de mesure introduit un élément d'irréversibilité. L'effondrement de la fonction d'onde pendant la mesure conduit à un résultat définitif

et introduit une rupture irréversible dans l'évolution unitaire des systèmes quantiques. Ce problème de mesure et son lien avec la flèche du temps continuent d'être des sujets de débat et d'exploration dans le domaine des fondements quantiques.

Le flux irréversible soulève de profondes questions philosophiques sur la nature du temps, la causalité et notre place dans l'univers. Il remet en question la possibilité d'un voyage dans le temps, car inverser le cours du temps nécessiterait de défier l'augmentation de l'entropie et de violer les principes physiques fondamentaux. La nature irréversible du temps soulève également des questions sur le destin ultime de l'univers, par exemple s'il continuera à se développer indéfiniment ou finira par atteindre un état d'entropie maximale.

Le flux irréversible se manifeste dans divers processus physiques. Par exemple, lorsqu'une tasse de café chaud est laissée sur une table, elle se refroidit progressivement à mesure que la chaleur est transférée du café plus chaud vers l'environnement plus froid. Cependant, il est hautement improbable que le café redevienne chaud spontanément alors que l'environnement se refroidit. Cette irréversibilité est le résultat de la deuxième loi de la thermodynamique, qui stipule que dans un système isolé, l'entropie tend à augmenter ou à rester constante. L'entropie est une mesure du désordre ou du caractère aléatoire du système, et son augmentation correspond à l'irréversibilité de nombreux processus physiques.

La flèche du temps joue un rôle crucial dans la compréhension de la causalité. La causalité affirme que la cause et l'effet suivent une séquence particulière : une cause précède son effet dans le temps. Cet ordre temporel est déterminé par la flèche du temps, car les événements se produisent dans une progression vers l'avant qui ne peut pas être inversée. L'irréversibilité du temps garantit que les relations de cause à effet ont une directionnalité claire, nous permettant de donner un sens aux liens de causalité dans le monde qui nous entoure.

L'entropie est intimement liée au flux irréversible. Comme mentionné précédemment, l'entropie est une mesure du désordre ou du caractère aléatoire au sein d'un système. La deuxième loi de la thermodynamique stipule que dans un système fermé, l'entropie a tendance à augmenter ou, au mieux, à rester constante.

Chapitre 9: Conscience et temps.

Dans cette banqueroute, nous plongeons dans la charmante relation entre la conscience et le temps. La conscience est le plaisir subjectif d'être conscient de nous-mêmes et du secteur qui nous entoure. Le temps, là encore, est un enjeu essentiel de nos modes de vie, façonnant nos croyances et organisant nos histoires. Explorer l'interaction entre la conscience et le temps peut donner un aperçu profond du caractère de notre fait subjectif. Dans cette faillite, nous examinerons divers facteurs de cette datation, qui incluent la croyance au temps, la sensation de soi et la position de l'attention dans notre expérience du temps.

Notre expérience du temps n'est pas toujours simplement un simple commentaire de son passage final, mais est inspirée par notre objectif. Le temps peut sembler se précipiter ou ralentir, apparemment augmenter ou se contracter en fonction de notre royaume de pensées et des activités dans lesquelles nous interagissons. Les éléments psychologiques, y compris l'attention, l'émotion et la mémoire, contribuent à la perception subjective du temps. Pour

Par exemple, alors que nous sommes absorbés par un intérêt captivant, le temps peut sembler s'envoler, même si tout au long des périodes d'ennui ou d'attente, il peut sembler terriblement lent.

La connaissance est intimement liée au sentiment de soi, et chacune est liée en détail à notre plaisir du temps. Notre sens subjectif de soi repose sur un récit ininterrompu qui s'étend au-delà, au présent et au destin. Les réminiscences ancrent notre expérience d'identification privée, présentant une histoire cohérente qui relie nos histoires passées au moment qui prévaut et façonne nos attentes pour le destin. L'intégration transparente de ces dimensions temporelles dans notre reconnaissance consciente contribue à notre expérience de soi et au récit qui se déroule de nos vies.

L'un des éléments intrigants de l'accent est sa relation intime avec le second existant, souvent appelé le « maintenant ». alors que le moment existant semble éphémère, c'est à des kilomètres du point d'intersection entre l'au-delà et le futur, servant de fondement à notre délectation consciente. Notre attention se déplace constamment du présent sur place vers les souvenirs du passé et les projections du avenir. La richesse de notre vérité subjective réside dans notre capacité à naviguer dans cette interaction dynamique des dimensions temporelles.

Notre expérience du temps n'est pas une image en miroir immédiate de l'écoulement final du temps. Au lieu de cela, il est sujet à des distorsions et à des préjugés, principaux de ce qu'on appelle souvent le « fantasme du temps subjectif ». par exemple, des études ont montré que nos réminiscences d'événements passés peuvent être inspirées par les émotions que nous avons ressenties au cours de ces événements. Les événements substantiels ou chargés d'émotion ont tendance à être rappelés de manière plus vivante, ce qui donne une impression de temps subjectif allongé pour ces moments.

Lorsque les individus sont complètement immergés dans un passe-temps et vivent une expérience profonde de prise de conscience et d'engagement, ils entrent régulièrement dans un état appelé "waft". dans cet état, la notion de temps peut en outre sembler diminuer ou même disparaître complètement. L'intemporalité est un indicateur de l'état flottant, dans lequel les individus sont complètement absorbés par le moment du cadeau et perdent le temps traditionnel. Cette révélation met en évidence la malléabilité de notre notion subjective du temps et la

Capacité à modifier notre plaisir conscient.

Le problème de liaison temporelle est un casse-tête difficile en neurosciences qui concerne la façon dont notre cerveau intègre les statistiques de modalités sensorielles uniques et crée une expérience cohérente de la seconde dominante. La perception consciente implique l'intégration d'entrées sensorielles avec des échelles de temps exclusives, qui incluent des stimuli visibles, auditifs et tactiles. L'expertise sur la façon dont l'esprit réalise cette liaison temporelle et construit notre expérience unifiée de la seconde dominante est un domaine de recherche en cours

Chapitre 10: Enigme quantique

Dans cette faillite, nous plongeons dans le royaume captivant de l'énigme quantique. La physique quantique, avec ses normes contre-intuitives et ses phénomènes déroutants, a défié nos informations conventionnelles sur les faits. L'énigme quantique fait référence aux aspects mystérieux et difficiles de la mécanique quantique qui défient l'instinct classique et soulèvent des questions profondes sur le caractère de l'univers. Au cours de cette exploration, nous examinerons des concepts clés tels que la superposition, l'intrication et les tracas de taille, faisant la lumière sur la nature énigmatique de l'international quantique.

L'un des principes importants de la mécanique quantique est le précepte de superposition. Il stipule que les structures quantiques peuvent exister dans plusieurs états simultanément, représentant un mélange ou une superposition de tous les résultats viables. Ce qui signifie que jusqu'à ce qu'une taille soit faite, une particule, y compris un électron, peut exister dans un pays d'être à la fois une particule et une onde, occupant simultanément plusieurs positions ou états de force. Situations exigeantes de superposition

Notre notion classique d'une particule ayant une fonction ou des appartenances définies, introduisant un profond paradoxe dans le domaine quantique.

L'intrication est un autre élément ahurissant de la mécanique quantique. Cela se produit lorsque deux ou plusieurs particules émergent comme étant connectées de telle manière que le royaume d'une particule est immédiatement corrélé avec la nation de l'autre, quelle que soit la distance qui les sépare. Ce phénomène, célèbre décrit en utilisant Albert Einstein comme un "mouvement effrayant à distance", défie nos informations régulières sur le but et l'impact et augmente les questions sur l'interdépendance essentielle de l'international quantique. L'intrication a été expérimentalement établie et a des implications pour le traitement et la communication des statistiques quantiques.

L'un des éléments les plus difficiles de la mécanique quantique est le tracas de la mesure. Alors qu'une taille est faite sur une machine quantique, la superposition d'un couple d'états semble s'effondrer en un résultat final non marié, particulier. Cette désintégration est souvent décrite parce que la fonction d'onde "s'effondre" dans un royaume particulier. Mais, le bon mécanisme et l'interprétation de ce crumble restent un sujet de discussion et de recherche en physique quantique. Les tracas de la mesure remettent en question notre compréhension de la relation entre le quantum global et nos observations classiques, posant de profondes questions philosophiques et interprétatives.

Le principe d'incertitude, formulé par Werner Heisenberg, est un principe essentiel de la mécanique quantique. Il indique qu'il peut y avoir une limite inhérente à la précision avec laquelle des paires positives de maisons physiques, y compris la fonction et l'élan, peuvent être reconnues simultanément. Ce précepte montre que sur le degré quantique, il peut y avoir une incertitude et une indétermination inhérentes qui dépassent les limites de nos outils dimensionnels. L'incertitude quantique introduit un détail d'aléatoire et d'imprévisibilité inhérents dans le quantique mondial, ajoutant encore à l'énigme des phénomènes quantiques.

La cohérence DE quantique est une technique qui explique la transition du domaine quantique au monde classique que nous observons dans l'existence régulière. Il renvoie à l'interaction

D'un gadget quantique avec son environnement qui l'entoure, faisant perdre à la machine sa cohérence quantique et son comportement classique. La cohérence DE explique pourquoi nous n'examinons pas les éléments macroscopiques présents en superposition ou présentant des phénomènes quantiques dans notre fait macroscopique. L'information sur les mécanismes de cohérence DE est importante pour combler l'espace entre les domaines quantique et classique.

La nature énigmatique de la mécanique quantique a donné lieu à diverses interprétations, chacune tentant de donner une explication à la nature fondamentale du quantique global et de résoudre le problème de taille. L'interprétation de Copenhague, développée à l'aide de Neil's

Bohr et ses collaborateurs affirment que la désintégration de la fonction d'onde se produit en fonction de la taille, entraînant un résultat précis.

Chapitre 11: Perspectives cosmologiques

Dans cette faillite, nous nous embarquons pour un voyage à la découverte du grand sujet de la cosmologie, qui cherche à comprendre le lieu de départ, la forme et l'évolution de l'univers dans son ensemble. La cosmologie comprend une vaste gamme de théories, d'observations et de modes qui nous offrent des perspectives spécifiques sur la nature de notre existence cosmique. De la théorie du Grand Bang à la spéculation multivers, nous pouvons nous plonger dans diverses visions cosmologiques, en examinant leurs implications, leurs preuves et les débats en cours. Notre exploration éclairera les questions fondamentales sur l'origine de l'univers, sa composition et sa destinée restante.

L'idée du Grand Bang est la pierre angulaire de la cosmologie de pointe. Il postule que l'univers est originaire d'un pays très chaud et dense d'environ treize ans. Il y a huit milliards d'années. Selon cette théorie, l'univers n'a cessé de croître à cause des galaxies, des étoiles et des planètes qui se sont formées au cours de milliards d'années. Le principe du Big Bang est étayé par de nombreuses lignes de preuve, consistant en

Rayonnement de fond cosmique micro-ondes et décalage vers le rouge observé des galaxies éloignées. Il fournit un cadre d'expertise dans l'histoire des débuts de l'univers et ouvre la voie à l'exploration de vues cosmologiques.

La cosmologie inflationniste est une extension de l'idée du Big Bang qui propose une brève durée d'expansion exponentielle dans l'univers primitif. Cette époque inflationniste poussée à l'aide d'un sujet scalaire hypothétique, explique de nombreuses observations compliquées, y compris la quasi-uniformité du rayonnement cosmique historique des micro-ondes et la forme à grande échelle de l'univers. La cosmologie inflationniste fournit une approche des problèmes d'horizon et des problèmes de planéité, ce qui en fait un cadre largement répandu pour l'information dans l'univers primitif.

Les observations à diverses échelles montrent que le visible dépend de ce que nous étudions dans l'univers et ne peut pas rendre compte des forces gravitationnelles qui façonnent sa forme. Dark be counted est une forme hypothétique de comptage qui n'interagit pas avec des types de rayonnement électromagnétique légers ou différents, mais exerce une influence gravitationnelle sur le nombre de comptage vu. C'est loin d'être cru

Pour constituer une grande partie de la masse totale de l'univers. Bien que la nature du nombre sombre reste insaisissable, sa vie est déduite de ses résultats gravitationnels sur les galaxies, les amas de galaxies et la forme à grande échelle de l'univers.

La force obscure est tout autre composant mystérieux qui domine le contenu énergétique de l'univers. Ses miles sont supposés être responsables de l'élargissement élargi de l'univers, contrecarrant l'attraction gravitationnelle du nombre de comptes. L'énergie sombre se caractérise par l'utilisation d'une contrainte négative, ce qui accélère l'expansion de l'espace. Même si le caractère de la puissance noire continue d'être incompris, sa présence est déduite des observations de supernovae éloignées et de la distribution à grande échelle des galaxies. La fonction de l'énergie noire dans une expansion cosmique représente un défi de taille pour les cosmologistes et soulève des questions sur le destin restant de l'univers.

Le rayonnement cosmique micro-ondes historique (CMB) est une faible lueur de rayonnement qui imprègne tout l'univers. Il est considéré comme l'un des éléments de preuve les plus convaincants pour le grand

Idée coup de poing. Le rayonnement CMB est une relique de l'univers primitif récent et dense et s'est refroidi au fil des ans pour s'avérer être un rayonnement micro-ondes. Les observations exactes du CMB offrent des informations essentielles sur la composition, la géométrie et l'âge de l'univers. On sait qu'il montre de petites fluctuations de température, qui sont des germes pour la formation de structures cosmiques.

La distribution des nombres dans l'univers n'est pas toujours uniforme, mais bien connue montre un modèle complexe en forme de réseau appelé Internet cosmique. Cette forme délicate consiste en

amas de galaxies, filaments et vides spatiaux considérables. La formation du réseau cosmique est un effet des interactions gravitationnelles entre le souvenir sombre et le souvenir normal. Pendant des milliards d'années, l'attraction gravitationnelle entre les sujets a provoqué l'effondrement de régions de meilleure densité, conduisant à la formation de galaxies et d'amas de galaxies le long des filaments. L'Internet cosmique offre des informations précieuses sur la forme à grande échelle de l'univers et la distribution sous-jacente d'être compté.

L'hypothèse du multivers indique que notre univers est simplement l'un des nombreux univers qui existent, formant ensemble un vaste et

De nombreux ensembles sont appelés le multivers. En phase avec certaines théories cosmologiques, y compris la cosmologie inflationniste et le principe des cordes, l'univers primitif a connu une expansion rapide, donnant une impulsion vers le haut à l'opportunité de plusieurs régions avec des maisons corporelles exclusives et des constantes fondamentales.

Chapitre 12: Mémoire et moments

Dans ce chapitre, nous plongeons dans le fonctionnement complexe de la réminiscence humaine et découvrons la signification profonde de capturer et de conserver nos moments les plus précieux. La mémoire remplit une fonction cruciale en façonnant notre identité, en influençant nos perceptions et en nous procurant un sentiment de continuité au fil des ans. De la formation et de la récupération des souvenirs à l'effet émotionnel des moments significatifs, nous pouvons jeter un œil à la nature multiforme de la réminiscence et aux méthodes profondes dans lesquelles elle façonne nos vies.

Les souvenirs ne sont pas des entités statiques, mais sont continuellement façonnés et modifiés par un système complexe appelé formation de réminiscence. L'encodage, la consolidation et la récupération sont les éléments importants qui préoccupent les degrés dans la formation des souvenirs.

Tout au long de l'encodage, les statistiques de nos examens sensoriels sont transformées en une mise en page qui peut être stockée dans l'esprit. La consolidation implique la stabilisation et le renforcement des réminiscences dans le temps. En fin de compte, la récupération nous permet d'accéder et de faire ressortir des souvenirs stockés en cas de besoin. Comprendre les mécanismes à l'origine de la formation de la réminiscence donne un aperçu de la façon dont nos histoires viennent se graver dans notre attention.

La mémoire n'est pas toujours un système monolithique non marié, mais comprend des types spéciaux de systèmes de mémoire qui offrent de merveilleuses capacités. Les 2 formes de mémoire numéro un sont la mémoire expresse (déclarative) et la mémoire implicite (procédurale). La mémoire expresse est responsable du souvenir conscient des statistiques et des occasions, tandis que la mémoire implicite est impliquée dans l'achat de capacités et de comportements. De plus, il existe des subdivisions à l'intérieur des structures de réminiscence expresse et implicite, y compris la réminiscence épisodique (pour des activités précises), la mémoire sémantique (pour un savoir-faire bien connu) et la mémoire motrice (pour les compétences motrices). Les modes de vie des différentes structures de réminiscence soulignent la complexité et la flexibilité de la réminiscence humaine.

Les émotions jouent un rôle puissant dans la formation et la récupération de la mémoire. Les événements émotionnels sont souvent remémorés de manière vivante, car notre royaume émotionnel peut décorer l'encodage et la consolidation des réminiscences. L'amygdale, une structure cérébrale associée au traitement émotionnel, joue un rôle important dans la formation des réminiscences émotionnelles. Les émotions agréables et mauvaises peuvent affecter la mémoire de manière unique, certaines études suggérant que les émotions terribles ont tendance à embellir la mémoire, ne l'oubliez pas. La connaissance de la relation entre les sentiments et la mémoire met en lumière la façon dont nos histoires émotionnelles s'enracinent profondément dans nos souvenirs.

La réminiscence est soigneusement entrelacée avec notre sens de soi et notre identification privée. Nos réminiscences offrent un fil narratif qui relie nos rapports au-delà avec notre don de soi, façonnant nos informations sur qui nous sommes. Les souvenirs nous aident à construire un sentiment d'identité cohérent en intégrant des occasions, des relations et des réalisations passées dans un récit cohérent. La perte ou les perturbations de la réminiscence peuvent avoir un effet profond sur notre identité, car elles pourraient fragmenter notre récit et projeter notre confiance en soi. La relation difficile entre mémoire et identification met en évidence l'importance de la réminiscence dans la définition de notre individualité.

Des moments significatifs et personnels qui signifient souvent conserver une place unique dans notre mémoire. Ces moments peuvent être des événements importants, des jalons ou de simples rapports réguliers qui apportent un poids émotionnel. La réminiscence nous permet de revivre et de préserver ces moments, les laissant traverser leur existence éphémère. Qu'il s'agisse d'un anniversaire marquant, d'un mariage, d'une remise de diplôme ou d'une interaction avec un être cher, ces moments deviennent gravés dans notre mémoire et contribuent au tissu de nos vies. Réfléchir sur la relation entre la mémoire et les moments nous permet de comprendre l'importance de prendre des photos et de chérir ces histoires éphémères.

Même si la réminiscence est une excellente technique cognitive, elle n'est pas infaillible. Nos réminiscences sont des situations d'erreurs, de déformations et d'oublis. La mémoire à garder à l'esprit peut être provoquée par différents facteurs, notamment le passage du temps, des indicateurs externes et nos préjugés personnels. De fausses réminiscences, dans lesquelles les gens prennent en compte de manière vivante des événements qui ne se sont jamais produits, peuvent également survenir. Comprendre la faillibilité de la mémoire nous rappelle de techniquer nos souvenirs

Avec une lentille vitale et souligne l'importance.

La réminiscence est un phénomène captivant et complexe qui façonne profondément nos vies. De la formation de réminiscences à la remémoration d'instants grandeur nature, la réminiscence joue une fonction vitale dans notre sentiment de soi, notre savoir-faire du secteur, et la préservation de nos expériences aimées au maximum. C'est à travers la réminiscence que nous tissons ensemble la tapisserie de nos récits privés, reliant les fils de notre passé à notre présent et façonnant notre identification.

Les tactiques difficiles de formation, de consolidation et de récupération de la mémoire nous permettent d'encoder et de sauvegarder les informations de nos histoires sensorielles, en les transformant en souvenirs durables. Différentes formes de structures de mémoire, y compris la réminiscence expresse et implicite, contribuent à notre capacité à nous rappeler des statistiques, des activités, des capacités et des sentiments. Nos souvenirs ne sont pas des entités statiques, cependant, ils peuvent être encouragés et modifiés au fil des ans, soulignant la nature dynamique de nos réminiscences.

Les histoires émotionnelles occupent une place particulière dans notre mémoire, car elles ont tendance à être rappelées de manière vivante et ont souvent un impact durable sur nos vies. L'interaction entre les émotions et la formation de la mémoire met en évidence le lien complexe entre nos tactiques cognitives et nos états affectifs.

De plus, les souvenirs sont intimement liés à notre sens de soi et de notre identité personnelle.

Chapitre 13: Expressions artistiques

L'expression artistique est un élément fondamental du style de vie et de la créativité humaine. Les nombreuses variétés d'art, les individus ont trouvé des méthodes spécifiques pour parler, explorer les émotions, les conventions de mission et ressentir l'arène qui les entoure. Dans ce chapitre, nous plongeons dans le domaine charmant des expressions artistiques, en explorant les divers médiums, stratégies et intentions que les artistes désignent pour transmettre leurs pensées et évoquer des réponses émotionnelles. Des arts visibles aux arts apparents, nous explorerons l'énergie et l'importance des créations créatives pour façonner la société et enrichir le plaisir humain.

Les arts visibles englobent une vaste gamme de médiums, y compris la peinture, le dessin, la sculpture, les images et les œuvres d'art virtuelles. Les artistes visuels utilisent ces médiums pour exprimer leurs pensées, leurs sentiments et leurs observations à travers l'imagerie et le symbolisme. Ils essaient souvent de saisir l'essence du monde qui les entoure, décodant les faits à travers leurs points de vue spécifiques. L'art visible invite les visiteurs à avoir une interaction avec l'œuvre d'art, suscitant des interprétations personnelles et des réponses émotionnelles. Qu'il s'agisse ou non d'un portrait effrayant, d'un chef-d'œuvre sculptural ou d'une image captivante, les arts visuels ont le pouvoir d'évoquer des émotions, d'aventurer des perceptions et d'encourager la contemplation.

Les arts du spectacle, qui comprennent la musique, la danse, le théâtre et la création parlée, dépendent des performances en direct pour offrir des expressions créatives. Cette bureaucratie artistique s'est propagée en temps réel, attirant le public par le mouvement, le son et la narration. Tune, avec sa capacité à dépasser les obstacles du langage, évoque des émotions et exprime des sentiments compliqués. La danse, avec sa physicalité et son rythme, communique des récits et des concepts sommaires à travers le mouvement. Le théâtre, à travers le jeu et la mise en scène, plonge le public dans des souvenirs qui provoquent concept et introspection. Les arts du spectacle créent une expérience dynamique et interactive, favorisant une sensation d'émotion partagée et de narration collective.

La littérature est une forme d'expression inventive qui utilise des mots écrits pour transmettre des idées, des histoires et des sentiments. À travers des romans, de la poésie, des essais et des pièces de théâtre, les écrivains créent des récits qui transportent les lecteurs dans des mondes uniques, défient les normes sociétales et explorent les profondeurs de la vie humaine. La littérature a l'énergie nécessaire pour enflammer la créativité, permettant aux lecteurs de sympathiser avec les personnages, de réfléchir à des sujets profonds et d'apprécier un certain nombre de sentiments. Il sert de réplique à la société, reflétant ses triomphes, ses luttes et ses complexités. La phrase écrite, dans sa capacité à susciter l'empathie et à provoquer l'introspection, est un puissant outil d'expression créative.

Le film et le cinéma intègrent des facteurs d'arts visuels, d'arts d'apparition et de narration pour créer une forme d'expression artistique tout à fait unique. Grâce à l'interaction du transfert d'images, de sons et de paroles, les cinéastes élaborent des récits qui interagissent avec les téléspectateurs sur plusieurs niveaux sensoriels. Le film a la capacité de transporter le public vers des instances, des lieux et des vues uniques, en tenant compte de la narration immersive et des études émotionnelles. Il mélange l'esthétique visuelle, les stratégies cinématographiques et l'exploration thématique pour éveiller des réponses profondes. Du cinéma classique aux films expérimentaux d'avant-garde, l'art du cinéma continue de captiver le public et de repousser les limites artistiques.

Avec l'arrivée de l'ère, le monde de l'expression inventive s'est amélioré pour inclure les œuvres d'art numériques. L'art numérique utilise des outils numériques, des logiciels et des structures pour créer et contrôler les facteurs visibles et audio. Il englobe diverses bureaucraties, y compris la peinture virtuelle, la conception d'images, l'animation et les installations interactives. Les œuvres d'art virtuelles offrent de nouvelles possibilités d'expérimentation, de collaboration et d'interactivité. Il montre la nature évolutive des œuvres d'art à l'ère numérique, brouillant les limites entre les médiums artistiques conventionnels et la génération de pointe.

Les expressions inventives transcendent régulièrement l'attrait esthétique et servent d'automobiles à la remarque sociale et à la critique culturelle. Les artistes ont de longs antécédents de remise en question des normes sociales, d'interrogation sur l'autorité et de perte de lumière sur les problèmes de société.

En fin de compte, les expressions inventives englobent une large gamme de médiums, des arts visibles aux arts de la scène, en passant par la littérature, le cinéma et les œuvres d'art numériques. Les artistes utilisent leurs créations pour transmettre des sentiments, initier des pensées, entreprendre des conventions et proposer des commentaires sociaux. Grâce à l'énergie de l'expression créative, les gens trouvent des façons uniques de parler, de découvrir leur monde intérieur et d'enrichir le plaisir humain. L'œuvre d'art a la capacité d'évoquer des émotions, de susciter la créativité et de créer une connaissance partagée de la condition humaine. Il remplit une fonction essentielle en façonnant la sous-culture, en favorisant l'empathie et en inspirant une alternative.

Chapitre 14: Sagesse autochtone

Le savoir autochtone renvoie à l'expertise profonde, aux idéaux, aux pratiques et aux points de vue des peuples autochtones du monde entier. Ces cultures diverses et riches ont prospéré pendant des centaines d'années, développant des compréhensions complexes du monde des herbes, de l'habitation durable, des valeurs de réseau et des connexions spirituelles. Sur cette faillite, nous découvrons la profondeur et l'importance de la conscience autochtone, soulignant ses contributions à la gérance de l'environnement, au bien-être holistique, à la préservation culturelle et à la compréhension plus large de l'existence humaine.

Les cultures indigènes possèdent souvent un lien profond et profond avec le monde des plantes médicinales. Ils reconnaissent l'interdépendance de tous les êtres résidents et le réseau complexe de relations à l'intérieur des écosystèmes. L'information autochtone met l'accent sur l'importance de vivre en harmonie avec la nature, de connaître ses rythmes et d'honorer ses atouts. Les peuples autochtones ont développé une compréhension écologique de pointe,

Transmis de génération en génération, qui informe les pratiques durables ainsi que la gestion des terres, l'agriculture et la conservation des ressources. Ce lien avec la nature est une formation précieuse pour relever les défis environnementaux auxquels l'humanité est confrontée aujourd'hui.

La compréhension autochtone reconnaît l'interaction entre les éléments physiques, émotionnels, mentaux et spirituels du bien-être. Les cultures indigènes ont depuis longtemps compris l'importance d'une approche holistique de la forme physique, qui englobe désormais non seulement le corps physique, mais aussi le bien-être mental et religieux. Les pratiques traditionnelles de récupération, qui incluent la médication naturelle, la cérémonie et le lien avec les connaissances ancestrales, contribuent à une expertise complète de la forme physique. Les connaissances indigènes enseignent que le bien-être authentique n'est pas entièrement une quête d'homme ou de femme, mais qu'il est intimement lié au bien-être du réseau et du monde à base de plantes.

La compréhension autochtone joue un rôle important dans la préservation et la revitalisation des cultures et des langues autochtones. Ces cultures sont porteuses de connaissances, de traditions et de souvenirs profondément enracinés qui ont été

Dépassé de génération en génération. La conscience autochtone permet de maintenir l'identification culturelle, de soutenir les liens communautaires et de résister aux pressions de l'assimilation. En valorisant et en partageant leurs connaissances traditionnelles, les peuples autochtones contribuent aux diverses tapisseries des cultures humaines et favorisent une appréciation plus profonde de l'importance de la diversité culturelle.

La spiritualité occupe une place importante dans la sagesse indigène, fournissant une base pour la connaissance du secteur et de son voisinage en son sein. Les cultures autochtones incarnent des liens spirituels avec la terre, les ancêtres et les forces cosmiques. Les pratiques sacrées, les rituels et les cérémonies sont indispensables aux systèmes de croyances indigènes, favorisant un sentiment de révérence, de gratitude et d'interdépendance. Ces pratiques ne nourrissent plus simplement le bien-être non séculier des individus et des communautés, mais approfondissent également la connaissance du caractère sacré de la vie et de l'interdépendance de toute existence.

Le savoir-faire autochtone est transmis par les traditions orales, les contes et l'apprentissage expérientiel. Les anciens jouent un rôle crucial en tant que gardiens des

Le savoir, le transmettre aux générations plus jeunes par le biais du mentorat et des pratiques communautaires. Le transfert intergénérationnel de l'information assure la continuité des traditions, des valeurs et des pratiques culturelles. Cette transmission favorise un fort sentiment d'identité, d'appartenance et de réminiscence collective au sein des communautés autochtones.

Les peuples autochtones ont été confrontés à plusieurs défis tout au long de l'histoire, notamment la colonisation, la marginalisation et l'érosion de leur histoire culturelle. Cependant, le savoir-faire indigène fait preuve d'une incroyable résilience face à l'adversité. Les groupes autochtones ont continué, préservant leurs systèmes d'information, réclamant leurs terres et défendant leurs droits. L'expertise autochtone donne un aperçu de la résilience, du développement communautaire et du pouvoir du mouvement collectif pour surmonter les défis et maintenir l'intégrité culturelle.

Les connaissances indigènes ont une pertinence mondiale pour résoudre les problèmes urgents de notre époque. Les connaissances écologiques et les pratiques durables des cultures autochtones sont de plus en plus identifiées comme des contributions précieuses à la conservation de l'environnement et à l'atténuation du commerce climatique. Les approches autochtones du bien-être et de la construction de réseaux offrent des alternatives aux notions individualistes et matérialistes du développement. Les informations indigènes invitent la société au sens large à réévaluer nos fréquentations avec l'herboristerie mondiale.

En fin de compte, les informations indigènes présentent une profonde expertise de la phytothérapie mondiale, du bien-être holistique, de la préservation culturelle et des liens religieux. Les cultures autochtones ont développé des pratiques durables, un profond respect pour la nature et une approche globale du bien-être qui englobe les facteurs physiques, émotionnels, intellectuels et non séculiers de l'existence. La conscience autochtone nous enseigne l'importance de vivre en harmonie avec la nature, de valoriser la diversité culturelle et de reconnaître l'interdépendance de toute existence.

Chapitre 15: La physique dévoilée

La physique est le département de la science qui cherche à appréhender les normes essentielles régissant le comportement de l'univers. Il explore le caractère du nombre, de la force, de l'espace et du temps, dévoilant les mystères du cosmos aux degrés macroscopique et microscopique. Dans cette faillite, nous plongeons dans le domaine captivant de la physique, examinant les principes fondamentaux, les théories et les découvertes qui ont façonné notre expertise du monde corporel. De la mécanique classique à la physique quantique et à la relativité, nous explorons les théories impressionnantes et leurs implications pour notre perception des faits.

La mécanique classique, formulée avec l'aide de Sir Isaac Newton, a jeté les bases de notre connaissance du mouvement et des forces qui le régissent. Les lois du mouvement de Newton, y compris le célèbre précepte de l'inertie et la loi de la gravitation universelle, ont fourni un cadre complet pour décrire le comportement des objets en mouvement. Ces directives juridiques ont permis aux scientifiques de donner une explication du mouvement des corps célestes, principal à l'invention des orbites planétaires et à la formule des lois de la mécanique céleste. La mécanique classique continue de fonctionner comme base de savoir-faire dans le monde macroscopique, du mouvement des planètes au vol des projectiles.

L'électromagnétisme, tel que formulé par James Clerk Maxwell, décrit l'interaction entre les champs électriques et magnétiques et la conduite des débris chargés. Les équations de Maxwell ont unifié l'expertise de la force et du magnétisme, révélant la nature fondamentale des ondes électromagnétiques et la propagation de la lumière. L'électromagnétisme joue un rôle principal dans la génération, permettant le développement de gadgets comprenant des turbines, des voitures électriques et des structures de télécommunications. Il a également approfondi notre connaissance du doux et de sa dualité onde-particule, ouvrant la voie à l'exploration de la physique quantique.

La physique quantique a révolutionné notre connaissance de l'international microscopique, dur des notions classiques du déterminisme et révélant la conduite bizarre des débris au degré quantique. La mécanique quantique, formulée par des pionniers tels que Max Planck, Albert Einstein et Erwin Schrödinger, a apporté le concept de degrés de puissance quantifiés et de descriptions probabilistes du comportement des particules. Cela a donné une impulsion vers le haut à des théories révolutionnaires telles que la dualité onde-particule, le précepte d'incertitude de Heisenberg et l'intrication quantique. La physique quantique a des packages réalistes dans des domaines tels que l'électronique, la cryptographie et l'informatique quantique, et continue de repousser les limites de notre compréhension de l'univers.

Le concept de relativité d'Albert Einstein a transformé notre connaissance de l'aire, du temps et de la gravité. La relativité restreinte, délivrée en 1905, a confirmé que le point et l'aire ne sont pas absolus mais sont relatifs au cadre de référence de l'observateur. Il a révélé l'idée de dilatation du temps et l'équivalence de la masse et de la force encapsulée dans la célèbre équation $E = mc^2$. La relativité moderne, formulée en 1915, a défini la gravité comme la courbure de l'espace-temps à la suite de gros gadgets. Il a fourni un principe complet de gravité qui définissait des phénomènes tels que la courbure de la lumière autour de gros objets et l'existence de trous noirs. La relativité a eu de profondes implications pour notre connaissance du cosmos, façonnant notre vision de l'univers à chaque échelle cosmique et cosmique.

La cosmologie est la branche de la physique qui explore les origines, la structure et l'évolution de l'univers dans son ensemble. Il étudie l'énorme concept Bang, qui postule que l'univers est issu d'une singularité dense et chaude, et examine la croissance et l'évolution ultérieures du cosmos. Les cosmologistes étudient le rayonnement de fond cosmique des micro-ondes, la distribution des galaxies et la formation de structures à grande échelle pour aller au fond des archives et de la composition de l'univers.

La physique nous enseigne l'importance de l'intérêt et de l'émerveillement dans l'exploration du monde qui nous entoure. En pensant au caractère de la vérité et en cherchant à comprendre les principes essentiels qui régissent l'univers, nous pouvons domestiquer un sentiment d'émerveillement et le choix de plonger plus profondément dans les mystères du cosmos.

La physique nourrit des capacités de réflexion cruciales et la capacité de résoudre des problèmes complexes. Grâce à l'étude des théories, des modes mathématiques et des informations expérimentales, nous apprenons à analyser les enregistrements, à établir des liens logiques et à élargir les réponses modernes. Ces capacités sont transférables et précieuses dans de nombreuses régions d'existence et différentes disciplines scientifiques.

En résumé, le test de la physique donne des informations précieuses qui vont au-delà du monde de la science. Il cultive la curiosité, l'émerveillement critique, les talents de résolution de problèmes et une appréciation de l'international naturel. La physique nous apprend à questionner, tester et incarner de nouvelles idées, favorisant l'ouverture d'esprit et une connaissance holistique de l'univers. Grâce à l'utilisation de ces formations, nous pouvons relever des défis dans divers éléments de la vie avec curiosité et résilience. La physique peut être difficile et compliquée, exigeant de la persévérance et de la résilience. La pratique de la physique nous enseigne le coût de la patience, la possibilité de surmonter les obstacles et l'importance d'apprendre à partir des échecs. Cela instille un état d'esprit d'amélioration, dans lequel les revers sont visibles comme des opportunités de maîtrise et de croissance.

Chapitre 16: L'impact du temps

Le temps est un élément fondamental de nos modes de vie, façonnant toutes les facettes de nos vies. Du tic-tac d'une horloge à la méthode de vieillissement, l'effet du temps est indéniable. Dans cette faillite, nous plongeons dans les effets profonds que le temps a sur les gens, les sociétés et le monde en masse. En explorant de nombreuses dimensions, nous examinons comment le temps impacte notre perception, notre réminiscence, nos choix et notre expertise universelle du monde.

Perception du temps : la perception subjective du temps varie considérablement d'une personne à l'autre. Certains perçoivent le temps comme éphémère, en même temps que d'autres le ressentent comme s'éternisant. Notre perception du temps est stimulée par des éléments tels que l'âge, le contexte culturel et le règne émotionnel. Savoir comment nous percevons le temps peut donner un aperçu de nos techniques cognitives et de la façon dont nous naviguons dans l'arène.

La perception du temps fait référence à la jouissance subjective et à l'expertise du passage du temps. Il englobe la façon dont les gens perçoivent la période, le rythme et la séquence des activités. Voici quelques informations sur la croyance du temps:

- Croyance temporelle et éléments psychologiques :La perception du temps est influencée par l'utilisation de nombreux facteurs psychologiques. Ceux-ci incluent l'attention, l'excitation, les émotions et l'état d'esprit de l'individu. Par exemple, lorsque nous sommes engagés dans un intérêt distinctement excitant, le temps peut également sembler filer, tandis que dans un scénario banal ou fastidieux, le temps peut également sembler s'éterniser. Notre notion du temps peut également être déformée au cours de moments d'inquiétude ou de pression, le temps se sentant allongé ou contracté.

- La nature subjective du temps : Le temps est subjectif car il est largement encouragé par des rapports individuels et des processus cognitifs. Les humains dans le scénario égal peuvent en outre avoir des perceptions spécifiques du temps en raison des versions de la conscience attentionnelle, du traitement mental et de l'encodage de la réminiscence. Notre perception du temps peut être affectée par des éléments tels que l'âge, la sous-culture et les croyances privées.
- Temps et âge : La croyance temporelle s'ajuste à mesure que nous vieillissons. Des recherches ont prouvé que les personnes plus jeunes ont

tendance à comprendre que le temps passe plus lentement que les personnes plus âgées. Cela sera dû à la nouveauté relative des études à un certain stade chez les enfants et à la familiarité accrue avec les routines et les schémas à mesure que nous vieillissons. En vieillissant, nous pouvons également devenir plus conscients du temps limité qu'il nous reste, ce qui entraîne une accélération perçue du temps.

- Impact culturel sur la notion de temps : Le contexte culturel joue un rôle important dans la formation de notre perception du temps. Des cultures distinctes ont des attitudes impressionnantes envers le temps qui peuvent avoir un effet sur la façon dont les individus le comprennent et le perçoivent. Certaines

cultures privilégient la ponctualité et le strict respect des horaires, tandis que d'autres adoptent une technique plus souple et fluide du temps. Ces variations culturelles peuvent entraîner des différences de perception du temps et de comportement.
- **Temps et attention:** l'intérêt remplit une fonction vitale dans notre perception du temps. Pendant que nous sommes pleinement engagés dans une tâche ou une activité, notre attention est absorbée et le temps peut également sembler passer rapidement. Ce phénomène est connu sous le nom de "waft" ou d'être "dans le secteur". Inversement, lorsque nous sommes distraits ou ennuyés, notre attention dérive et le temps peut devenir allongé ou monotone.

- La mémoire et le temps sont intimement liés. Notre capacité à considérer les événements passés est fondée sur notre croyance du temps et l'encodage des souvenirs. Le temps offre le cadre pour organiser et récupérer les statistiques stockées dans nos esprits. L'étude de la datation complexe entre la mémoire et le temps nous aide à mieux comprendre le fonctionnement de notre cerveau et la nature de la conscience humaine.

Le temps joue un rôle critique dans les procédures de prise de décision. Le concept de commission d'opportunité met en évidence l'impact du passage du temps sur nos alternatives. Les sélections faites sous des contraintes de temps varient souvent de celles faites avec suffisamment de temps pour la délibération. L'examen de l'effet du temps sur la prise de décision peut fournir des informations précieuses aux individus et aux groupes qui cherchent à optimiser leurs alternatives.

Au fil du temps, nos corps et nos esprits traversent un système de vieillissement. Les effets du temps sur notre apparence physique, notre santé et nos capacités cognitives sont profonds. Savoir-faire les mécanismes du vieillissement et son rapport au temps est un voisinage énergétique des études dans des domaines qui incluent la biologie et la gérontologie. Explorer l'impact du temps sur le vieillissement peut également conduire à des stratégies pour vendre un vieillissement sain et améliorer la qualité de vie des gens.

Le temps façonne le cours des records et stimule le commerce sociétal. Les activités, les révolutions et les changements culturels surviennent dans des délais uniques, laissant des empreintes durables sur les sociétés. Étudier l'effet du temps sur des événements anciens peut éclairer les styles, les leçons apprises et les trajectoires de destin des capacités. Cela nous permet de reconnaître l'importance du temps dans la formation de notre récit collectif.

Dans un monde au rythme effréné, le temps est souvent perçu comme une ressource précieuse et utile. Un contrôle efficace du temps est essentiel pour la productivité et la réalisation des rêves. L'impact du temps sur l'épanouissement non public et professionnel ne peut être sous-estimé. L'examen des techniques de gestion efficace du temps peut aider les personnes et les organisations

Optimisez leurs performances et découvrez une saine stabilité au travail et à la vie personnelle.

Le temps affecte profondément nos relations avec les autres. Les relations durables nécessitent un financement et un dévouement au fil des ans. La durée et la qualité du temps passé avec les êtres chers forment les liens que nous formons et les liens que nous entretenons. Comprendre l'effet du temps sur les relations peut nous aider à entretenir des relations significatives et à favoriser des interactions saines.

Les cultures distinctes perçoivent et coûtent du temps autrement. Certaines cultures mettent l'accent sur la ponctualité et l'efficacité, tandis que d'autres privilégient une méthode plus flexible. Explorer les points de vue culturels sur le temps améliore notre appréciation de la portée et remet en question nos hypothèses sur la façon dont le temps devrait être perçu et utilisé.

Chapitre 17: L'espace-temps dévoilé

L'idée d'espace-temps, telle que proposée par Albert Einstein dans son concept de relativité standard, a révolutionné notre connaissance du tissu de l'univers. Le temps de zone est un cadre fondamental qui unifie l'échelle de la zone et du temps en une entité non mariée. Sur cette faillite, nous plongeons dans la nature délicate du temps de la zone, explorons ses propriétés, ses implications et démêlons les mystères. L'espace-temps n'est en réalité pas une toile de fond statique vers laquelle surgissent des événements mais une entité énergétique et dynamique. Il combine les 3 dimensions de la surface (durée, largeur et hauteur) avec la taille du temps dans un continuum à 4 dimensions. Ce concept a fondamentalement modifié notre savoir-faire de la vérité, rendant difficile la vision newtonienne traditionnelle de l'espace et du temps en tant qu'entités séparées et absolues.

Conformément à la relativité à la mode, la présence de masse et de puissance déforme le tissu de l'espace-temps, créant une courbure qui affecte le mouvement des objets à l'intérieur. Cette courbure explique la force de gravité car l'effet des éléments suivant les trajectoires courbes décidées à l'aide de la répartition de la masse et de l'énergie. Plus un objet est énorme, plus sa courbure de l'espace-temps et plus son effet gravitationnel sont importants.

L'un des résultats les plus intéressants de la courbure temporelle de la zone est la dilatation du temps. Alors qu'un objet est dans une discipline gravitationnelle robuste ou se déplace à des vitesses excessives, le temps est vécu d'une autre manière par rapport aux gadgets dans une discipline plus faible ou au repos. Ce phénomène a été mis en évidence par des expériences et des observations, démontrant la formidable interaction entre la courbure de l'espace-temps et la notion de temps.

Le temps de zone est intimement lié au tissu de l'univers, influençant la conduite du comptage et de la force. Il offre la scène sur laquelle se déroulent les phénomènes cosmiques, qui incluent la formation des galaxies, la courbure de la lumière et l'élargissement de l'univers lui-même. Connaître les résidences de l'espace-temps permet de se rendre compte de l'immensité et de la complexité du cosmos.

Les trous noirs sont des gadgets astronomiques fascinants qui se forment tandis que d'énormes étoiles s'effondrent sous leur attraction gravitationnelle personnelle. Ils inventent un lieu de zone-temps avec un champ gravitationnel vraiment sévère, aboutissant à une singularité - un point de densité infinie. Le temps de zone près des trous noirs est assez courbé, principal pour les phénomènes de réflexion, y compris la dilatation du temps, la dilatation du temps gravitationnelle et l'horizon d'occasion - la limite au-delà de laquelle rien ne peut s'échapper.

Les trous de ver sont des systèmes théoriques qui relient des zones distantes de l'espace-temps, en gardant potentiellement à l'esprit des raccourcis ou des ponts entre eux. Ils sont comme des tunnels à travers le tissu de l'espace-temps, offrant la possibilité d'une visite de l'espace-temps. En même temps que les trous de ver restent dans le domaine de la physique théorique, ils captivent notre créativité et encouragent les discussions sur le caractère de l'espace-temps et les possibilités de voyage interstellaire.

L'union de la mécanique quantique et de la relativité préférée, connue sous le nom de gravité quantique, est une tâche importante en physique théorique. La mécanique quantique décrit le comportement de la matière et de l'électricité à des échelles extrêmement petites, tandis que la relativité populaire explique le comportement de l'espace-temps à des échelles cosmiques. La fusion de ces deux théories est importante pour une compréhension complète de la nature fondamentale de l'espace-temps et de l'univers. La quête d'une théorie unifiée :

Les physiciens sont engagés dans la quête permanente d'une théorie unifiée qui puisse réconcilier la mécanique quantique et la relativité générale. Cette théorie, souvent qualifiée de théorie du tout, fournirait un cadre complet pour comprendre les forces fondamentales de la nature et la nature de l'espace-temps lui-même. La recherche d'une théorie unifiée est une frontière passionnante dans la physique moderne, avec le potentiel de percer les mystères les plus profonds de l'univers.

La quête d'une théorie unifiée, souvent appelée théorie du tout, est un objectif central de la physique théorique moderne. Il cherche à concilier deux théories apparemment incompatibles : la mécanique quantique et la relativité générale donc quelques précisions sur la quête d'une théorie unifiée.

La quête d'une théorie unifiée découle du désir de comprendre la nature fondamentale de l'univers. La réalisation d'une théorie unifiée fournirait un cadre complet qui peut décrire toutes les forces fondamentales de la nature et expliquer le comportement de la matière, de l'énergie et de l'espace-temps dans toutes les conditions. Cela permettrait aux scientifiques de percer les mystères les plus profonds du cosmos, y compris la nature des trous noirs, l'origine de l'univers et les particules et forces fondamentales qui régissent tout.

Développer une théorie unifiée est un défi monumental en raison des complexités impliquées. Cela nécessite de concilier la nature discrète et probabiliste de la mécanique quantique avec le cadre lisse et continu de la relativité générale. De plus, les conditions extrêmes de l'univers primitif et des trous noirs, où la mécanique quantique et la relativité générale sont pertinentes, posent des défis importants aux physiciens théoriciens.

Une théorie unifiée réussie aurait de profondes implications pour notre compréhension de l'univers. Il pourrait faire la lumière sur la nature de la matière noire et de l'énergie noire, donner un aperçu du comportement des trous noirs et des premiers instants de l'univers, et potentiellement offrir un cadre pour comprendre des phénomènes qui échappent actuellement à l'explication, comme l'unification de tous les éléments fondamentaux. les forces.

La recherche d'une théorie unifiée est une entreprise en cours impliquant une collaboration entre les physiciens du monde entier. Elle nécessite les efforts combinés des connaissances théoriques

Physiciens, expérimentateurs et mathématiciens. Les progrès des mathématiques, de la théorie quantique des champs et des outils informatiques sont essentiels pour progresser dans ce domaine difficile

En fin de compte, le dénouement de l'espace-temps a révélé une compréhension profonde et complexe du tissu de l'univers. L'espace-temps, tel que proposé par Albert Einstein dans sa théorie de la relativité générale, combine les dimensions de l'espace et du temps en une entité unifiée. Ce n'est pas une toile de fond passive mais un cadre dynamique qui interagit avec la matière et l'énergie, façonnant l'essence même de la réalité.

L'espace-temps englobe les phénomènes cosmiques, de la formation des galaxies à la courbure de la lumière et à l'expansion de l'univers. Il joue un rôle crucial dans le comportement des trous noirs, où l'espace-temps est fortement courbé et donne lieu à des singularités et à des horizons d'événements. L'exploration de l'espace-temps a également conduit à des spéculations sur la possibilité de parcourir de vastes distances à travers des constructions théoriques telles que des trous de ver, enflammant notre imagination et suscitant des discussions sur les limites du voyage dans l'espace-temps.

Le démantèlement de l'espace-temps a de profondes implications pour notre compréhension de l'univers, du comportement des particules à des échelles microscopiques à l'évolution du cosmos à grande échelle. Il donne un aperçu de la nature de la gravité, de l'origine de l'univers et des particules et forces fondamentales qui régissent notre existence. Alors que de nombreuses questions restent sans réponse, l'exploration de l'espace-temps continue de repousser les limites de la connaissance humaine et d'inspirer de nouvelles voies de recherche.

Chapitre 18: Les progrès technologiques

Les progrès technologiques ont révolutionné chaque élément des modes de vie humains, du communiqué et du transport aux soins de santé et au divertissement. En cette période de développement rapide, les nouvelles technologies ne cessent d'augmenter, repoussant les limites de ce qui est devenu dès que possible le concept. Ce chapitre explore l'effet profond des avancées technologiques sur de nombreux secteurs et leurs implications pour la société

Les progrès technologiques font référence aux progrès et aux innovations réalisés dans le domaine de l'ère, conduisant à l'amélioration de nouveaux équipements, structures, stratégies et produits qui améliorent et embellissent diverses composantes de l'existence humaine. Ces avancées impliquent le logiciel des connaissances médicales, des études et de l'ingénierie pour créer des réponses qui traitent des situations exigeantes actuelles ou introduisent de nouvelles opportunités.

Les avancées technologiques peuvent nécessiter de nombreuses formalités bureaucratiques, allant d'améliorations progressives des technologies existantes à des améliorations révolutionnaires qui révolutionnent des industries entières. Ils peuvent englober un large éventail de domaines, y compris la technologie de l'information, l'électronique, la biotechnologie, l'électricité, la technologie des substances, les transports, etc.

Ces avancées impliquent régulièrement l'intégration de nouvelles idées, concepts et méthodologies dans des applications réalistes. Ils impliqueront le développement de nouveaux matériels, logiciels, algorithmes, substances ou stratégies qui permettent des réponses plus vertes, puissantes et durables. Les progrès technologiques peuvent également entraîner l'introduction d'industries complètement nouvelles ou perturber les industries actuelles.

Les progrès technologiques ont la capacité de faire pression sur le boom monétaire, d'améliorer les conditions de vie, de résoudre les défis sociétaux urgents et de façonner l'avenir de la civilisation humaine. Mais, en plus, ils présentent des préoccupations morales, sociales et environnementales qui doivent être soigneusement traitées pour assurer un déploiement responsable et bénéfique.

La technologie d'échange verbal a transformé la manière dont nous nous connectons et interagissons les uns avec les autres. L'apparition d'Internet, des smartphones et des plateformes de médias sociaux a rendu les statistiques et les échanges verbaux plus accessibles et instantanés. Les gens peuvent désormais se rejoindre sur des distances importantes, répartir leurs pensées et collaborer à l'échelle mondiale. L'ère de la communication a en outre donné une impulsion vers le haut à de nouveaux types de médias, tels que le streaming en ligne et la création de contenu virtuel, remodelant l'entreprise de loisirs

Les avancées technologiques dans le transport ont révolutionné la façon dont nous nous déplaçons et nous déplaçons. De l'invention de la machine à vapeur au développement des voitures et des avions, la technologie des transports a considérablement réduit le nombre de déplacements et amélioré notre portée. La poussée ascendante des moteurs électriques et indépendants promet de remodeler de la même manière le panorama des transports, le rendant plus durable et efficace. De plus, des principes comme l'hyper boucle et le tourisme de territoire repoussent les limites de ce que l'on n'oublie pas possible en matière de mobilité.

Les progrès technologiques ont eu un effet profond sur les soins de santé et les remèdes. Améliorations avec la technologie d'imagerie clinique, la robotique

Les chirurgies et la télémédecine ont révolutionné les options de diagnostic et de traitement. L'intégration de l'intelligence artificielle et de l'étude des gadgets a permis des diagnostics plus précis, des médicaments personnalisés et la découverte de médicaments. De plus, les gadgets portables et les applications de suivi de la condition physique ont permis aux gens de prendre Price dans leur forme physique et leur bien-être personnels.

L'automatisation et l'intelligence artificielle (IA) ont converti les industries et remodelé le marché du travail. L'automatisation a rationalisé les procédures de production, augmentant les performances et la productivité. L'IA a le potentiel de révolutionner divers secteurs, ainsi que la finance, la logistique et le service client. Cependant, des questions ont également été soulevées concernant l'impact de l'automatisation et de l'IA sur l'emploi, car elles peuvent entraîner un déplacement des tâches et obliger les gens à acquérir de nouvelles capacités.

Les progrès technologiques ont joué un rôle essentiel dans la résolution des situations exigeantes en matière de force mondiale et dans la promotion de la durabilité. Le développement d'actifs d'électricité renouvelable, qui comprennent l'électricité solaire et éolienne, a réduit la dépendance aux combustibles fossiles et atténué l'impact du commerce climatique. Les technologies de stockage d'électricité, associées à des batteries supérieures, ont fait progresser l'efficacité et la viabilité des structures d'énergie renouvelable. Les technologies de réseau intelligent permettent une meilleure gestion et distribution de l'électricité, optimisant l'utilisation de l'énergie.

La technologie a révolutionné le quartier de la formation, offrant de nouvelles méthodes de maîtrise et d'accès aux faits. Les structures d'apprentissage en ligne et les ressources académiques numériques ont rendu la scolarité encore plus pratique pour un public beaucoup plus large. Les technologies de vérité virtuelle et de faits augmentés ont des études d'étude immersives plus avantageuses. De plus, les structures d'apprentissage totalement adaptatives basées sur l'IA peuvent personnaliser la scolarité en fonction des besoins du personnage, améliorant ainsi les résultats d'apprentissage.

Les avancées technologiques entraînent des implications éthiques et sociales qui doivent être prises en compte. Des soucis privés surgissent avec la collecte et l'utilisation de statistiques personnelles. Les menaces de cyberprotection présentent des risques pour les particuliers et les entreprises. La fracture virtuelle crée des disparités dans l'accès à la génération et à l'information. Des questions morales doivent également être soulevées concernant l'utilisation de l'IA, de l'automatisation et d'autres technologies qui peuvent avoir un impact sur l'emploi, l'équité sociale et les droits de l'homme.

En cherchant à l'avance, les avancées technologiques sont censées se conserver à un rythme multiplié. La technologie montante, y compris la 5G, le réseau de facteurs (IOT), la chaîne de blocs et l'informatique quantique, conserve le potentiel de remodeler les industries et la société. Cependant, des situations exigeantes, notamment la garantie de la confidentialité des enregistrements, la gestion des implications morales de l'IA et la gestion des effets de l'automatisation sur les emplois, nécessiteraient une attention continue et une réglementation réfléchie.

En fin de compte, les avancées technologiques ont révolutionné le secteur, impactant tout sur les modes de vie humains. De la communication et du transport aux soins de santé, en passant par la force et l'éducation, la technologie a converti les industries, fait progresser les performances et amélioré nos expériences quotidiennes. Il a relié les gens à travers le monde, rendu les données plus accessibles et ouvert de nouvelles possibilités d'innovation. Alors que les avancées technologiques offrent de merveilleuses possibilités, nous devons également relever des défis tels que des problèmes privés, des risques de cybersécurité et des considérations morales. En utilisant l'amélioration responsable et la loi, nous pouvons maximiser les bienfaits de l'ère et créer un destin plus inclusif et riche. Les avancées technologiques ont transformé le secteur de manière notable, façonner chaque aspect de la vie humaine et ouvrir de nouvelles possibilités d'innovation et de développement. De la communication et du transport aux soins de santé, au pouvoir et au passé,

La technologie a révolutionné les industries, amélioré l'efficacité et enrichi nos histoires quotidiennes.

Ces progrès ont apporté des niveaux de connectivité à peu près sans précédent, nous permettant de combler des distances géographiques, d'accéder immédiatement à de grandes quantités de faits et de collaborer au-delà des frontières. L'ère du communiqué a donné du pouvoir aux personnes et aux agences, en favorisant les réseaux mondiaux et en accélérant le commerce des idées. L'amélioration de la production d'électricité a conduit à une évolution vers des sources d'énergie plus propres et plus durables. Les réponses à l'électricité renouvelable qui incluent la force solaire et éolienne ont pris de l'ampleur, réduisant notre dépendance aux combustibles fossiles et atténuant l'effet du changement climatique.

Chapitre 19. Explorations philosophiques

L'exploration philosophique fait référence à la procédure consistant à s'engager dans un examen approfondi et critique des questions essentielles concernant la nature des faits, l'expertise, l'éthique et les modes de vie humains. Cela comprend l'examen et la réflexion sur les hypothèses, les concepts et les idéaux sous-jacents qui forment notre savoir-faire du monde et notre place dans celui-ci.

L'exploration philosophique va au-delà de la simple spéculation ou opinion et s'efforce d'offrir des arguments raisonnés et logiques. Cela implique une analyse rigoureuse, une image en miroir et une contemplation pour bénéficier d'une compréhension plus profonde des problèmes philosophiques complexes. Les philosophes explorent de nombreuses perspectives, théories et cadres philosophiques pour observer les subtilités des idées philosophiques et leurs implications.

L'exploration philosophique n'est pas toujours limitée à un ensemble particulier de questions ou de sujets. Il présente une grande variété de disciplines philosophiques, ainsi que la métaphysique, l'épistémologie, l'éthique et la philosophie politique, la philosophie des pensées et la philosophie des sciences, l'esthétique et plus encore. Il encourage la curiosité intellectuelle et la volonté d'étudier sérieusement les hypothèses et les croyances, en gardant à l'esprit l'exploration de différentes perspectives et théories philosophiques.

Grâce à l'exploration philosophique, les individus peuvent développer une meilleure compréhension globale et nuancée du secteur, en plus de leurs propres idéaux et valeurs. Il encourage l'ouverture d'esprit, l'humilité intellectuelle et la capacité de s'engager dans une communication prévenante et respectueuse avec d'autres personnes qui conservent des points de vue distincts.

L'exploration philosophique n'est pas simplement une séance d'entraînement abstraite, mais peut avoir des implications pratiques pour diverses composantes des modes de vie humains. Il peut éclairer la sélection éthique, les discussions sociales et politiques manuelles, façonner la recherche scientifique et contribuer à l'épanouissement personnel et à l'autoréflexion.

Les explorations philosophiques plongent dans les questions essentielles sur les modes de vie, la compréhension, l'éthique et le caractère de la vérité. Ces enquêtes visent à appréhender le secteur et notre territoire en lui à travers une interrogation, une réflexion et une analyse vitales. Ce chapitre se plongera dans diverses idées philosophiques et domaines d'exploration, mettant en lumière la riche tapisserie de la notion philosophique.

La métaphysique est un département de philosophie qui offre avec la nature essentielle de la réalité. Il explore des questions sur la vie de Dieu, la nature des pensées et du corps, l'idée de volonté libre et la nature du temps et de l'espace. Les enquêtes métaphysiques portent un regard sur le caractère de l'être, l'identité, la causalité et la nature des objets et de leurs foyers. Les philosophes étudient des sujets tels que le caractère des modes de vie, le lien entre l'esprit et être compté, et les limites de la connaissance humaine.

L'épistémologie étudie la nature du savoir-faire, de la perception et de la justification. Elle cherche à appréhender comment l'information est obtenue, ce qui constitue des croyances justifiées et les limites de l'expertise humaine. Les questions épistémologiques explorent le caractère des faits, le scepticisme, la fiabilité de la perception et le rôle du motif et de la preuve dans la formation des idéaux. Les philosophes se penchent sur la nature de la certitude et les normes permettant de distinguer la compréhension de la simple opinion.

L'éthique examine les questions de valeurs morales, de principes et de conduite. Il plonge dans le caractère du bien et du mal, les fondements des systèmes moraux et les principes qui guident la conduite humaine. Les explorations éthiques traitent de sujets qui incluent la responsabilité morale, la nature du bonheur et du bien-être, l'importance des vertus et la justification des théories morales. Les philosophes explorent des cadres éthiques uniques en leur genre, ainsi que le conséquentialisme, l'éthique déontologique et l'éthique des traits distinctifs, cherchant à comprendre comment les jugements moraux et les dilemmes éthiques peuvent être résolus.

La philosophie politique explore les questions liées à l'organisation des sociétés, à la gouvernance et à la distribution de l'électricité. Il examine le caractère de la justice, les droits et les devoirs des individus et des gouvernements, et les bons types d'autorités. Les philosophes approfondissent notamment la démocratie, le concept d'accord social, la justice distributive et les droits de l'homme. La philosophie politique cherche à répondre aux questions sur la nature d'une société simple et les principes qui doivent guider les systèmes politiques.

La philosophie de l'esprit étudie le caractère de la connaissance, le problème du cadre mental et le lien entre les états mentaux et les stratégies corporelles. Les philosophes découvrent des questions sur le caractère du plaisir subjectif, l'opportunité de l'intelligence artificielle et de la conscience du système, et les implications philosophiques des neurosciences. Ce domaine d'exploration cherche à reconnaître la nature de la notion, de la perception et de la conscience, et leur relation avec l'international physique.

La philosophie du savoir-faire technologique examine la nature du savoir-faire clinique, la méthode scientifique et les principes de la recherche clinique. Il explore des questions sur la nature des théories cliniques, la fonction de l'énoncé et de l'expérimentation, et la relation entre le savoir-faire technologique et d'autres types de compréhension. Les philosophes de la technologie se penchent sur des sujets qui incluent la nature de l'explication scientifique, la confirmation et la falsification des théories, et la démarcation entre le savoir-faire technologique et la pseudoscience.

L'esthétique explore les questions de beauté, d'œuvres d'art et du caractère des revues esthétiques. Il cherche à appréhender la nature de l'œuvre d'art, les normes des jugements de classe et la fonction des sentiments et de la notion dans l'appréciation esthétique. Les philosophes réfléchissent à des questions telles que la nature de la beauté, la raison de l'art et le lien entre l'art et la moralité.

L'existentialisme et la phénoménologie sont des mouvements philosophiques qui ciblent le plaisir subjectif, la liberté de la personne et le caractère des modes de vie.

Les penseurs existentialistes approfondissent les questions sur les moyens et le motif de la vie, la nature de la vie humaine et les opportunités des modes de vie réels.

L'exploration philosophique est une entreprise profonde et intellectuellement enrichissante qui implique de questionner, d'étudier et d'examiner de manière significative les facteurs fondamentaux des modes de vie humains et du monde que nous habitons. Il contient un large éventail de disciplines, notamment la métaphysique, l'épistémologie, l'éthique et la philosophie politique, la philosophie de la pensée, la philosophie de la technologie, l'esthétique, etc.

Grâce à l'exploration philosophique, les gens sont encouragés à s'engager dans une réflexion profonde, une image en miroir et une évaluation pour obtenir une information plus approfondie sur des problèmes philosophiques complexes. Cela inclut une volonté de remettre en question les hypothèses, d'évaluer sévèrement les idéaux et de découvrir des points de vue et des théories distincts.

Dans un monde en évolution rapide, plein de perspectives diverses et de situations complexes et exigeantes, l'exploration philosophique offre un cadre précieux pour aborder les questions profondes de la vie, de la compréhension, de l'éthique et de la nature de la réalité. Cela nous donne l'équipement nécessaire pour naviguer dans les débats intellectuels, engager des discussions significatives et domestiquer une compréhension plus profonde de nous-mêmes et du monde qui nous entoure.

En fin de compte, l'exploration philosophique nous invite à nous embarquer dans un voyage de croissance intellectuelle, de découverte de soi et de recherche d'informations tout au long de la vie. Cela nous encourage à inclure la curiosité, les hypothèses de travail et à essayer d'obtenir une information plus nuancée et complète sur le plaisir humain.

Chapitre 20: Fin de partie du temps

L'idée de "Time's Endgame" renvoie à la fin ultime ou au destin du temps lui-même. Il explore les possibilités et les implications de ce qui pourrait également apparaître dans le temps dans un avenir lointain ou dans des situations où sa nature subit des ajustements importants. En même temps qu'il existe des théories et des spéculations uniques sur la fin du temps, elles tournent souvent autour du destin de l'univers et des limites ou améliorations des capacités de la vie temporelle.

L'une des pensées les plus distinguées liées à la fin du temps est l'idée de la mort chaleureuse de l'univers. Conformément à cette théorie, alors que l'univers continue de s'étendre et que les célébrités épuisent leur essence, le cosmos se calmera régulièrement et atteindra un pays le plus entropique. Ce royaume, appelé chaleur mourant, se caractérise par la répartition uniforme de la force et l'absence de tout travail bénéfique. Dans cette situation, le temps lui-même pourrait apparaître comme dénué de sens car il pourrait ne pas y avoir d'activités ou de tactiques distinctes.

Une autre spéculation est le Big Freeze, qui montre que l'expansion de l'univers se poursuivra indéfiniment, provoquant le glissement des galaxies et la dissipation de l'énergie cosmique. En conséquence, l'univers pourrait devenir de plus en plus froid et désolé, sans énergie disponible pour que des procédures importantes se produisent. Cela se traduirait par un pays où le temps se termine efficacement, car il pourrait ne pas y avoir d'occasions dynamiques ou significatives.

Au lieu de cela, l'énorme Crunch propose une fin de partie extraordinaire pour le temps. Dans ce scénario, l'élargissement de l'univers s'inverserait finalement, entraînant une contraction de tout et de l'électricité. À la fin, l'ensemble pourrait se désintégrer en une singularité, résultant en un royaume d'une extrême densité. Ce procédé, assimilable à un grand Bang opposé, marquerait la courtepointe de l'univers de pointe et donnerait probablement

Poussée vers le haut vers un nouveau cycle d'expansion et de contraction cosmiques.

Quelques théories spéculent sur l'opportunité d'un multivers, dans lequel deux univers coexistent ou se séparent l'un de l'autre. Dans ce genre de situation, la fin de partie du temps impliquerait la nature cyclique des univers, où chaque univers a sa propre durée de vie et offre finalement une voie à l'émergence d'un nouvel univers. Ce modèle cyclique suggère que le temps ne peut pas avoir d'arrêt ultime, mais subit plutôt un renouvellement incessant.

Il est crucial de dire que ces théories sur la fin de partie du temps sont spéculatives et entièrement basées sur la compréhension scientifique actuelle, qui est difficile à changer à mesure que les découvertes et les théories émergent. La nature du temps et son destin final continuent d'être des domaines d'exploration captivants et mystérieux pour les physiciens, les cosmologues et les philosophes.

Le résultat passionnant de l'exploration de "Time's Endgame" nous emmène dans un voyage fascinant dans les dernières conséquences et implications du concept de temps. S'appuyant sur les informations et les idées présentées dans les chapitres précédents, ce chapitre se penche sur de profondes questions philosophiques, cliniques et existentielles liées au caractère du temps, à ses limites et à la capacité finale de la vie temporelle.

Le chapitre commence par revisiter les nombreuses théories et perspectives sur le caractère du temps. Il explore des concepts philosophiques tels que le présentisme, l'éternalisme et le concept d'univers de blocs, mettant en lumière les approches distinctes dans lesquelles le temps peut être compris et vécu. La perception du temps comme dimension qui systématise notre vérité et les conséquences de son écoulement ou de son absence sont testées en profondeur.

Parce que la faillite progresse, elle plonge dans l'intersection du temps et de la cosmologie. Il explore le rôle du temps dans la fondation et l'évolution de l'univers, y compris la théorie Massive Bang et le concept d'inflation cosmique. Les phénomènes mystérieux des trous noirs et des trous de ver sont également examinés, car ils offrent un aperçu intrigant de la nature du temps et de sa manipulation potentielle.

L'un des thèmes centraux de "Time's Endgame" est le concept d'entropie et sa courtisation avec la flèche du temps. La faillite explore la deuxième régulation de la thermodynamique, qui stipule que l'entropie d'une machine fermée a tendance à exploser au fil des ans, donnant lieu à la flèche du temps et à la différence entre le passé, le don et le destin. Les résultats des approches irréversibles et l'asymétrie du temps sont étudiés, soulevant des questions profondes sur la

Nature de la causalité et destin ultime de l'univers.

Le voyage dans le temps, une idée qui intéresse la créativité humaine depuis des centaines d'années, est un autre sujet exploré dans ce chapitre. Les implications philosophiques et cliniques du voyage dans le temps, qui incluent le paradoxe du grand-père et le paradoxe du bootstrap, sont examinées. La nature de la causalité et le potentiel de modification du chemin de l'histoire à travers le temps

La manipulation est mentionnée, plongeant dans les résultats profonds que le voyage dans le temps devrait avoir sur notre savoir-faire de la réalité.

Le chapitre atteint son apogée avec une exploration de la fin de partie restante du temps lui-même. Il plonge dans des théories telles que la disparition de la chaleur de l'univers, le grand Freeze, le Crunch massif et la possibilité d'un multivers. Le concept de "l'abandon du temps" est envisagé, avec des questions effrayantes concernant la nature des modes de vie en l'absence de temps et la capacité d'un univers cyclique ou éternel.

Pendant la durée de la banqueroute, des réflexions existentielles sur la nature de l'existence humaine face aux obstacles temporels et la capacité d'arrêter le temps sont tissées dans le récit. Les implications philosophiques de la fin de partie du temps, ainsi que la recherche de ce sens, l'appréciation du moment présent et la nature éphémère de nos modes de vie, invitent à une profonde introspection et à la contemplation.

En fin de compte, "Time's Endgame" sert d'exploration bouleversante et intellectuellement stimulante des résultats et des implications de l'idée de temps. Il plonge dans la nature du temps lui-même, sa relation avec la cosmologie, la flèche du temps, l'entropie, le voyage dans le temps et la capacité de cesser le temps. À travers des lentilles philosophiques, cliniques et existentielles, le chapitre invite les lecteurs à réfléchir à des questions profondes sur la nature du fait, les limites de l'information humaine et l'impermanence des modes de vie. Dans ce chapitre, les théories varient de la mort thermique de l'univers à l'énorme Freeze, au Crunch massif, ou à l'opportunité d'un scénario cyclique ou multivers.

www.ingramcontent.com/pod-product-compliance
Lightning Source LLC
Chambersburg PA
CBHW071511220526
45472CB00003B/977